直面

徐伟宏 著

做 / 自 / 己 / 的 / 心 / 理 / 医 / 生

U0726465

焦虑

陕西新华出版
太白文艺出版社 · 西安

图书在版编目（CIP）数据

直面焦虑：做自己的心理医生 / 徐伟宏著. -- 西
安：太白文艺出版社，2023.10
ISBN 978-7-5513-2395-6

Ⅰ.①直… Ⅱ.①徐… Ⅲ.①焦虑－心理调节－通俗
读物 Ⅳ.①B842.6-49

中国版本图书馆CIP数据核字(2023)第090537号

直面焦虑：做自己的心理医生
ZHIMIAN JIAOLU:ZUO ZIJI DE XINLI YISHENG

作　　者	徐伟宏
责任编辑	曹　甜　杨钦一
封面设计	张　坤
版式设计	沈　存
出版发行	太白文艺出版社
经　　销	新华书店
印　　刷	河北赛文印刷有限公司
开　　本	880mm×1230mm　1/32
字　　数	136千字
印　　张	6.875
版　　次	2023年10月第1版
印　　次	2023年10月第1次印刷
书　　号	ISBN 978-7-5513-2395-6
定　　价	39.80元

卷首语

　　法国名将拿破仑统兵数百万，所到之处攻无不克，战无不胜，然而他却说："我就是胜不过我的脾气。"看来，人要战胜自己的情绪并非易事。可是，我们可以学会控制自己的情绪！我们无力左右天气，但可以改变我们的心情，不让自己永远处于坏情绪的包围之中，要懂得给心情换个跑道，不让坏情绪的"癌细胞"扩散。

　　如何才能赶走我们的坏情绪呢？我们会整理我们的房间，可是我们也许很少想到过要整理我们的心情。整理房间，我们可以丢掉很多我们不需要的东西，同样，整理心情，我们也可以丢掉不利于我们处理事情的坏情绪。

　　繁杂的社会常常会使我们感到烦躁、不安，甚至抑郁，适当的时候找个安静的地方坐下来，整理一下散落了一地的零乱情绪，把不必要的情绪丢掉，你就会发现，当你处理好了心情，再去处理事情，往往会达到事半功倍的效果。

化解困惑，把握心海罗盘，自我调适，拥抱幸福生活。比能力更重要的是心理素质！我们无法改变天气，却可以改变心情；我们无法控制别人，但可以掌控自己。我们前进的道路是坎坷曲折的，但是道路两旁盛开着五彩芳香的花，我们头顶上洒满了温暖的阳光。愿每个人都能做自己情绪的主人，把握好自己的心海罗盘，把人生这幅长卷描绘得多姿多彩！

目　录

I

第一章

做自己情绪的主人

你快乐或痛苦，不完全取决于你得到了什么，更多的在于你用心去感受到了什么。

不要让消极情绪占据你的头脑

　　快乐、愤怒、恐惧、悲哀……这些都是人的情绪。我们要学会了解、控制自己的情绪，勿让情绪左右了自己。当遇到意外的沟通情景时，要学会运用理智和自制力，控制自己的情绪，轻易发怒很容易导致负面的结果。

　　全国劳动模范、"五一劳动奖章"获得者，上海航空乘务长吴尔愉是个控制情绪的高手。她的优雅美丽来自一个健康的心态。她认为，心里不畅快的时候，一定要与人沟通、释放不快。如果一个人习惯用自己的优点和别人的缺点比，对什么都不满意，却对谁都不说，日积月累，不但心情会很糟糕，皮肤也会变粗糙，美貌当然会流逝。所以，有不开心、不顺心的事情，她一定会找一个倾诉的伙伴。自己既能一吐为快，朋友也能从旁观者的角度给出建议，让她豁然开朗。在工作中，她更善于控制情绪，让工作成为好心情的一部分。在飞机上遇见刁钻、挑剔的客人，吴尔愉总是能够让他们满意而归。她的秘诀就是自己要控制好情绪，不要被急躁、忧愁、紧张等消极情绪所左右，换位思考，乐于沟通。

有一次，一位患有皮肤病的客人在飞机上十分暴躁，一些空姐都被他惹得生起气来。此时吴尔愉却亲切地为他服务，并且让空姐们想想如果自己也得了皮肤病，是否会比他还暴躁。在她的劝导下，大家都细心照顾起这位乘客，乘客的情绪也慢慢平静下来。

做自己情绪的主人，是吴尔愉生活的准则，也是她事业成功的秘诀。以她名字命名的《吴尔愉服务法》已成为中国民航首部人性化空中服务规范。能适度地表达和控制自己的情绪，才能像吴尔愉一样，成为情绪的主人。人有喜怒哀乐等不同的情绪体验，不愉快的情绪必须释放，才能达到心理上的平衡，但不能发泄过分，否则，既影响自己的生活，又加剧了人际矛盾，于身心健康无益。

焦虑的时候，理智地分析原因，冷静地恢复自信心，使自己振奋起来，摆脱主观臆断。抑郁的时候，可以郊游、运动、与人交谈、读书写字、听音乐、看电影等转移"视线"。

愤懑的时候，增强对自我价值的认识，不妨停下来，让自己得到"缓冲"，减轻一下环境的刺激。嫉妒的时候，怀抱一颗宽容的心，试着去欣赏别人的成功与优秀，勿把时间、生命、精力浪费在议论别人身上。

面临困境，不要让消极情绪占据你的头脑。保持乐观，将挫折视为鞭策自己前进的动力。遇事多往好处想，多聆听自己的心声，给自己留一点时间，平心静气地想一想，努力在消极情绪中加入一些积极的思考。

如果累了，去散一会儿步。到野外郊游，到深山大川走一走，散散心。极目绿野，回归自然，荡涤一下胸中的烦恼，清理一下浑浊的思绪，净化一下心灵尘埃，唤回失去的理智和信心。

唱一首歌。一首优美动听的抒情歌、一曲欢快轻松的舞曲或许会唤起你对美好过去的回忆，引发你对灿烂未来的憧憬。

读一本书。在书的世界遨游，将忧愁悲伤统统抛诸脑后，让你的心胸更开阔，气量更豁达。

看一部精彩的电影，穿一件漂亮的新衣，吃一点最爱的零食……不知不觉间，你的心不再是情绪的垃圾场，你会发现，没有什么比被情绪左右更愚蠢的事了。

生活中许多事情都不能左右，但是我们可以左右我们的心情，不再做悲伤、愤怒、嫉妒、仇恨的奴隶，以一颗积极健康的心去面对每一天。

当太阳下山时，每个灵魂都会再度诞生

人的一生不可能一帆风顺，总会存在着这样或者那样的挫折和困难。很多人在面对挫折与困难时丧失了挑战的勇气，从此甘于平庸；而有些人则凭着自己顽强不屈的性格勇敢地挑战挫折和困难，并最终取得了胜利。

23岁的赵袤从某名牌大学毕业后到某外资公司工作，与公司女职员小艺一见钟情。但同居两周后小艺毅然离去，留给赵袤的是一腔的惆怅和烦恼。平素爱说笑的他变得沉默寡言，开始失眠，情绪消沉，一天到晚昏昏沉沉，人变得越来越消瘦，终日兴味索然。他开始怀疑生活的意义，觉得自己是这个世界上多余的人。他终日唉声叹气，口口声声说"连累了父母，还不如死了的好"。

赵袁是由于恋爱遭受挫折而产生了消沉心理。消沉是指心灰意冷、沮丧颓唐的消极情绪，通常会在以下几种情景中产生：一种是追求的目标脱离实际，由于力不从心而最后失败，消沉心理油然而生；一种是遇到挫折就灰心失望，觉得命运总跟自己作对，处处不顺心、事事不如意，于是就精神萎靡。

1899年7月21日，海明威出生于美国伊利诺伊州芝加哥市郊的橡树园镇，他10岁开始写诗，17岁时发表了他的小说《马尼托的判断》。上高中期间，海明威在学校周刊上发表了作品。14岁时，他曾学习过拳击，第一次训练，海明威被打得满脸鲜血，躺倒在地。但第二天，海明威还是裹着纱布来了。20个月之后，海明威在一次训练中被击中头部，伤了左眼，这只眼的视力再也没有恢复。

1918年5月，海明威志愿加入赴欧洲红十字会救护队，在车队当司机，被授予中尉军衔。7月初的一天夜里，他的头部、胸部、上肢、下肢都被炸成重伤，人们把他送进野战医院。他的膝盖被打碎了，身上中的弹片多达230余片。他一共做了13次手术，换上了一块白金做的膝盖骨。有些弹片没有取出来，直到去世都仍留在体内。他在医院躺了3个多月，接受了意大利政府颁发的勇敢勋章，这一年他刚满19岁。

日本偷袭珍珠港后，海明威参加了海军，1944年，他随美军在法国北部诺曼底登陆，获取大量情报，并因此获得一枚铜质勋章。

记住莎士比亚曾经写下的一句话："当太阳下山时，每个灵魂都会再度诞生。"再度诞生就是你把过往的失败抛到脑后的机会。每一次的逆境、挫折、失败以及不愉快的经历，都隐藏着成功的契机，而不是增加你的消沉。

成功者并不一定都具有超常的智慧，命运之神也不会给予他们特殊的照顾。相反，几乎所有成功的人，都命运多舛，而他们总会从逆境中毅然前行。这种顽强的精神让他们在困难和挫折面前不会消沉、不会堕落，反而让他们越挫越勇，最后成为"真的猛士"，并在历经艰难险阻、风风雨雨后收获一片属于自己的天地。

每个人都有一份引导情绪的地图

大多数人都有过这样的经历：在学校的时候总是担心自己毕业后找不到工作，整天忧虑重重；找到工作后又害怕自己在激烈的竞争中被淘汰，天天提心吊胆；有的人还害怕自己没有能力迎接突如其来的困难……

适当的焦虑可以促使人奋发向上，激发向上的动力。但是，过度焦虑并不可取，它只会让人成天忧心忡忡，久而久之成为习惯，影响你的心情，改变你的人生轨迹。凡事能够退一步想，不要那么耿耿于怀，你的忧虑就会减轻不少。

黄昏时刻，一个旅行者在森林中迷了路。天色渐渐暗了下来，眼看黑幕即将笼罩整个森林，黑暗的恐怖和危险，一步步逼近。他心里明白：只要一步走错，就有掉入深坑或陷入泥沼的可能。潜伏在树丛后面饥饿的野兽，正虎视眈眈地注意着他的动静，一场狂风暴雨式的危险正逼近着他。这时，夜空中几点微弱的星光，一闪一闪的，似乎带来了一线光明，却又不时地消失在黑暗里。突然间，旅行者眼前出现一位流浪汉踽踽独行，他不禁欢喜雀跃，上前叫住流浪汉，探询出去的路途。这位陌生的流浪汉很友善地答应帮助他，可他发现这位流浪汉和他一样陷入迷途。于是他失望地离开了这位迷途的陌生伙伴，再一次回到自己的路线上来。不久，他又碰上了第二个陌生人，那人自信地说他拥有逃出森林的精确地图，旅行者再跟随这个新的导引，却发现这是一个自欺欺人的人，他的地图只不过是他自我欺骗的幌子而已。

于是旅行者陷入深深的绝望之中，他曾经竭力问他们走出森林的方法，但他们的眼神后面隐藏着忧虑和不安。他知道：他们和他一样的迷茫。他漫无目地地走着，一路的惊慌和失误，使他彷徨、失落而恐惧。无意间，当他把手插入口袋时，他找到了一张地图。

他若有所悟地笑了：原来它始终就在这里，只要从自己本身去寻找就行了。他忙着询问别人，反而忽略了最重要的事——回到自己身上找。

每个人都有一份引导情绪的"地图"，指引你离开焦虑和沮丧的黑暗森林。因此，生活中情绪性的忧虑是多余的。生活中不如意之事很多，只要你善于把握自我，控制好自己的情绪，一定可以远离焦虑，迎接阳光灿烂的每一天。

　　无际大师是一位智者。一位青年想得到他的教诲，背了一个很大的包裹不远千里跑来找他。他说："大师，我是那样的孤独、忧虑、痛苦和寂寞，长途的跋涉使我疲倦到极点；我的鞋子破了，荆棘割破了双脚；手也受伤了，流血不止；嗓子因为长久的呼喊而沙哑……为什么我还不能找到心中的目标？"

　　大师问："你的大包裹里装的什么？"青年说："它对我很重要。里面装的是我每一次跌倒时的痛苦、每一次受伤后的哭泣、每一次孤寂时的烦恼……靠它，我才走到您这儿。"于是，无际大师带青年来到河边，他们坐船过了河。上岸后，大师说："你扛着船赶路吧！""什么？扛着船赶路？"青年很惊讶，"它那么沉，我能扛得动吗？""是的，孩子，你扛不动它。"大师微微一笑，说："过河时，船是有用的。但过了河，我们就要放下船赶路，否则，它会变成我们的包袱。痛苦、忧虑、孤独、寂寞、灾难、眼泪，这些对人生都是有用的，它能使生命得到升华，但须臾不忘，就成了人生的包袱。放下它吧！孩子，生命不能负重累累！"

青年放下包袱，继续赶路，他发觉自己步子变得轻松起来，比以前也快得多了。原来，生命是可以不必如此负重的。

对于跋涉在成功道路上的人来说，每一步都要付出艰辛，相伴而来的就是焦虑。这个不良的情绪是不可避免的。但是，如果长期生活在焦虑和紧张中，人的心理状况会变得十分混乱，这会直接影响到人们的精神和行为，有时甚至会造成极其不良的后果。大家要学会将这些情绪的包袱放到一边，迈着轻松的脚步前进，这样人生才会充满欢乐。

生活在别人的眼光里，找不到自己的路

在这个世界上，没有人可以让所有人都满意。一味在意他人的眼光，只会让自己的光芒变得暗淡。

西莉亚自幼学习艺术体操，她的身段匀称灵活。可是很不幸，一次意外事故导致她下肢严重受伤，一条腿留下后遗症，走路有一点跛。为此，她十分沮丧，甚至不敢走上街去。作为一种逃避，西莉亚搬到了约克郡乡下。

一天，小镇上的雷诺兹老师领着一个女孩来向西莉亚学习跳苏格兰舞。在他们诚恳的请求下，西莉亚勉为其难地答应了。为了不让他们察觉自己残疾的腿，西莉亚特意提早坐在一把藤椅上。可那个女孩天生笨拙，连起码的乐感和节奏感都没有。当那个女孩再一次跳错时，西莉亚不由自主地站起来给对方示范。西莉亚一转身，便敏感地看见那个女孩正盯着自己的腿，一副惊讶的神情。她忽然意识到，自己一直刻意掩盖的残疾在刚才的瞬间已暴露无遗。这时，一种自卑感让她无端地恼怒起来，她对那个女孩说了一些难听的话。西莉亚的行为伤害了女孩的自尊心，女孩难过地跑开了。

事后，西莉亚深感歉疚。过了两天，西莉亚亲自来到学校，和雷诺兹老师一起等候那个女孩。西莉亚对那个女孩说："如果把你训练成一名专业舞者恐怕不容易，但我保证，你一定会成为学校里一个不错的领舞者。"这一次，她们就在学校操场上跳，有不少学生好奇地围观。那个女孩笨手笨脚的舞姿不时招来同学的嘲笑，她满脸通红，不断犯错，每跳一步，都如芒在背。西莉亚看在眼里，深深理解那种无奈的自卑感。她走过去，轻声对那个女孩说："假如一个舞者只盯着自己的脚，就无法享受跳舞的快乐，而且别人也会跟着注意你的脚，发现你的错误。现在你抬起头，面带微笑地跳完这支舞曲，别管步伐是不是错的。"

说完，西莉亚和那个女孩面对面站好，朝雷诺兹老师示意了一下。悠扬的手风琴音乐响起，她们踏着拍子，欢快起舞。其实那个女孩的步伐还有些错误，而且动作不是很协调。但意外的效果出现了——那些旁观的学生被她们脸上的微笑所感染，而不再关注舞蹈细节上的错误。后来，越来越多的学生情不自禁地加入舞蹈中。大家尽情地跳啊跳啊，直到太阳下山。

生活在别人的眼光里，就会找不到自己的路。其实，每个人的眼光都不同。面对不同的几何图形，有人看出了圆的光滑无棱，有人看出了三角形的直线组成，有人看出了半圆的方圆兼济，有人看出了不对称图形特有的美……同是一个甜麦圈，悲观者看见一个空洞，乐观者却品尝它的甜美。同是交战赤壁，苏轼高歌"雄姿英发，羽扇纶巾，谈笑间樯橹灰飞烟灭"；杜牧却低吟"东风不与周郎便，铜雀春深锁二乔"。同是"谁解其中味"的《红楼梦》，有人听到了封建制度的丧钟，有人看见了宝黛的深情，有人悟到了曹雪芹的用心良苦，也有人津津乐道于故事本身……

人生是一个多棱镜，总是以它变幻莫测的每一面反照生活中的每一个人。不必介意别人的流言蜚语，不必担心自我思维的偏差，坚信自己的眼睛、坚定自己的判断，用敏锐的视角去审视这个世界，用心去聆听、抚摸多彩的人生，给生活一个富有个性的回答。

凡事尽心，按照事情本来的面目去做

　　每个人的眼光各有不同，做人不必花大量的心思让每个人都满意，因为这个要求基本上是不可能达到的。如果一味地追求别人的满意，不仅会心力交瘁，还会失去自我！

　　生活中我们常常因为别人的不满意而烦恼，我们费尽了心思去让更多的人对自己满意；我们小心翼翼地生活，唯恐别人不满意。但即便是这样，还会有人不满意，所以我们又开始为此伤神。很多时候，我们将大量的时间都花在了如何让别人满意这件事情上，所以身体累，心也累。

　　有这样一个故事：

　　一个农夫和他的儿子赶着一头驴到邻村的市场去

卖。没走多远就看见一群姑娘在路边谈笑。一个姑娘大声说："嘿，快瞧，你们见过这种傻瓜吗？有驴子不骑，宁愿自己走路。"农夫听到这话，立刻让儿子骑上驴，自己高兴地在后面跟着走。

不久，他们遇见一群老人正在激烈地争执："喏，你们看见了吗？如今的老人真是可怜，那个懒惰的孩子自己骑着驴，却让年老的父亲在地上走。"农夫听见这话，连忙叫儿子下来，自己骑上去。

没过多久他们又遇上一群妇女和孩子，几个妇女七嘴八舌地喊着："嘿，你这个狠心的老家伙！怎么能自己骑着驴，让可怜的孩子跟着走呢？"农夫立刻叫儿子上来，和他一同骑在驴的背上。

快到市场时，一个城里人大叫道："哟，瞧这驴多惨啊，竟然驮着两个人，它是你们自己的驴吗？"另一个人插嘴说："哦，谁能想到你们这么骑驴，依我看，不如你们两个驮着它走吧。"农夫和儿子急忙跳下来，他们用绳子捆上驴的腿，找了一根棍子把驴抬了起来。

他们卖力地想把驴抬过闹市入口的小桥时，又引起了桥头上一群人的哄笑。驴子受了惊吓，挣脱了捆绑撒腿就跑，不想却失足落入河中。农夫只好既恼怒又羞愧地空手而归了。

农夫的行为确实可笑，不过，这种任由别人支配自己行为的事并非只在笑话里出现。现实生活中，很多人在处理类似事情时就像笑话里的农夫，人家叫他怎么做，他就怎么做；谁提出异议，就听谁的。结果只会让大家都有意见，而且都不满意。

谁都希望自己在这个社会如鱼得水，但我们不可能让每一个人满意，不可能让每一个人都对我们展露笑容。通常的情况是，你以为自己照顾到了每一个人的感受，可还是有人对你不满，甚至根本不领情。每个人的利益是不一致的，每个人的立场、每个人的主观感受是不同的，所以我们想面面俱到，不得罪任何人，想讨好每一个人，那是绝对不可能做到的！

做人无须在意太多，不必去让每个人满意，凡事只要尽心，按照事情本来的面目去做就好，简简单单地过好自己的生活就行。否则就会像故事中的农夫一样，费尽周折地迎合他人，受到损失的却是自己。

幸福的生活取决于内心的简约

童话里的红舞鞋，漂亮、妖艳而充满诱惑，一旦穿上，便再也脱不下来。舞者疯狂地变换舞步，一刻也停不下来，尽管内心充满疲惫和厌倦，脸上还得挂出幸福的微笑。当在众人的喝彩声中终于以一个优美的姿势为表演画上句号时，才发觉这一路的风光和掌声，带来的竟然只是说不出的空虚和疲惫。幸福的生活完全取决于自己内心的简约，而不在于你拥有多少外在的财富。

18世纪法国有个哲学家叫戴维斯。有一天，朋友送给他一件质地精良、做工考究、图案别致的酒红色睡袍，戴维斯非常喜欢。可他穿着华贵的睡袍在家里踱来踱去，越看越觉得家具不是破旧不堪，就是风格不对，地毯的针脚也粗糙得吓人。慢慢地，旧物件挨个儿更新，书房终于配上了睡袍的档次。戴维斯穿着睡袍坐在帝王气十足的书房里，可他却觉得很不舒服，因为"自己居然被一件睡袍胁迫了"。

戴维斯被一件睡袍胁迫了，生活中的大多数人则是被过多的物质和外在的成功胁迫着。很多情况下，我们受内心深处支配欲和征服欲的驱使，虚荣心不断膨胀，常常会去同别人攀比，谁买了一双名牌皮鞋，谁添置了一套高档音响，谁交了一位漂亮女友，这些都会触动我们敏感的神经。然而，当我们费了不少心思终于博得"别人"羡慕的眼光后，我们会发现除了在公众场合拥有一两点流光溢彩的光鲜和热闹以外，我们过得其实并没有别人想象得那么好。

从一定意义上说，人都是爱好虚荣的，不管自己究竟幸福与否，常常为了让别人觉得自己过得很好而大费周章，却往往忽视了自己内心真正想要的是什么。别人的生活实际上与你无关，别人幸福与否也与你无关，而你却将自己的幸福建立在与别人比较的基础之上，或者建立在别人的眼光中。幸福不是别人说出来的，而是自己感受到的。

《左邻右舍》中提到这样一个故事：男主人公的老婆看到邻居小马家卖了旧房子，在闹市区买了新房，他的老婆就眼红了，非要在闹市区选房子，并且偏偏要和小马住同一栋楼，而且一定要选比小马家房子大的那套。当邻居问起的时候，她会很自豪地说："不大，一百多平方米，只比304室的小马家大那么一点。"气得小马老婆咬牙切齿的。过了几天，小马的老婆开始逼小马和她一起减肥，男主人公又开始担心自己的老婆知道后会不会让他们一起减肥！

这个故事看起来像一个笑话，却时常在我们的生活中发生。将自己的生活置于一个不断与人比较的困境中，被自己生活之外的东西所左右，岂不是很可悲？

一个人活在别人的标准和眼光之中是一种痛苦，更是一种悲哀。人生本就短暂，真正属于自己的快乐更是不多，为什么不能为了自己完完全全、真真实实地活一次？为什么不能让自己脱离总是建立在别人基础上的参照系？

当我们把追求外在的成功或者"过得比别人好"作为人生终极目标的时候，就会陷入物质欲望为我们设下的圈套。它像童话里的红舞鞋，让人一眼望去便对它充满无限的喜爱。不管这双舞鞋是否适合自己的双脚，都会毫不犹豫地将其穿上，只为感受那一刻最令自己兴奋的感觉。而当这种感觉消散后，留给我们的其实只有无尽的空虚。

选对自己的人生，就是生活的强者

　　狮王年老体衰后，决定尽快选出一名继承者。一天，狮王把三个儿子叫到跟前说："在我眼里，你们三兄弟一样聪明、善良，谁都可以继承王位，但王位只能传给你们其中的一个，所以，我决定让你们通过竞赛的方式，来公平竞争王位，胜者才能为王。"三个儿子都同意了狮王的决定。第二天，狮王在一帮大臣的簇拥下，带着三个儿子来到一处悬崖边，说："我的王冠就放在这个悬崖的下边，你们谁敢从这里跳下去，王冠就属于谁了。"三个儿子惊呆了，因为它们从小就接受过父王的训诫："你们千万不要到悬崖边去玩耍，万一不小心掉下去，肯定会摔得粉身碎骨！""父王，能否换个比赛方式？这样跳下去，说不定你会失去所有的儿子。"狮王的大儿子跪在地上，满头大汗，战战兢兢地说。"放肆！"狮王有几分恼怒了。

"父王，我自愿放弃王位，不参加这次比赛了。"二儿子说完，瘫倒在地上。"唉！"狮王看着地上的两个儿子，禁不住失望地长叹一声。"父王，我愿意跳下去。"三儿子说完，朝狮王跪拜了三下，便纵身跃下深不见底的悬崖。一天后，狮王的三儿子手捧王冠，回到了王宫。原来，悬崖下面，狮王早已命人垫上一层厚厚的干草，此举只是为试试儿子们的胆量而已。

作为一国之君应有胆有识、坚决果断，深知这一点的狮王，在选拔继承人时便设局考验儿子们的勇气。面对"死亡"威胁，大儿子和二儿子显得十分"懦弱"，都以各种理由推脱，只有三儿子果敢地跳下悬崖。结局不言自明，具有果敢精神的三儿子赢得狮王青睐，成为下一任国王。

人生就是挑战，社会就是一个大运动场。在这里，胜者为王，败者为寇；强者拼搏，弱者奋起。人人面临着挑战，同时也参与着挑战。只有不畏强敌，勇敢地迎上去，接受新的挑战，才能出奇制胜。而懦弱的人缺乏创造力和冒险精神，因此，在学业上、事业上往往无所作为，平平庸庸。然而事实真的如此吗？让我们来看一看著名作家卡夫卡的故事吧。

这位伟大的作家生为男儿身，却没有任何男子汉的气概和气质。在他身上根本找不到那种知难而进、宁折不弯、风风火火、刚烈勇敢的男子汉精神，更谈不上清风傲骨了。他短暂的一生没有自我，一直对父母有较强的依赖性。因此，卡夫卡身上最为突出的性格特征是懦弱，一种男人身上少见的懦弱。

卡夫卡懦弱的性格是他的家庭造成的，或者说是他的父母后天塑造的。1883年，卡夫卡出生在奥匈帝国下辖的布拉格的一个犹太商人家庭。在当时，犹太人的地位是十分低下的，卡夫卡这个姓氏在希伯来语中的含义是"穴鸟"或"乌鸦"。卡夫卡就是出生在这样一个地位低下的犹太人家庭，他的姓名本身就意味着一种被压迫的屈辱。

卡夫卡的父亲出身贫寒，仅靠一家小商店来维持生计，在那样一个动荡的年代里，他们一方面没有任何的社会地位，另一方面经济状况十分窘迫，过着捉襟见肘的日子。然而，对卡夫卡来说，生活上的艰辛与困苦似乎是可以忍受的，给他幼小心灵留下累累的、终生难以治愈的创伤是父亲对他无休止的粗暴。卡夫卡一生都无法理解父亲对他的粗暴与专横。年幼的卡夫卡日复一日地这样生活着。生活上的每一个细节、每一件小事对他来说都可能是一个不大不小的灾难，都可能成为父亲发火，乃至大发雷霆的借口。有些时候，父亲对他发的火让他不知所措，弄得他左右为难，使他干什么事情都没有把握，从根本上丧失了自信心。他的父亲本想用他所设想的那种军队式的、高压的方式，达到他教育子女成才的目的，但他的叫骂恐吓不但没有把卡夫卡造就成他热切盼望的男子汉，反而使他一步步逃离现实世界，性格变得格外懦弱。在压抑的环境中成长的卡夫卡完全失去了自信心，也逐步丧失了自我，什么事情都显得摇摆不定、犹豫不决。

这种环境使卡夫卡早早地产生了逃离现实生活的想法。现实生活对他实在太残酷了，只有在他的非现实世界——内心世界里，他似乎才能摆脱烦恼。犹太人所处的社会环境和备受排斥、压迫的现实，也在卡夫卡幼小的心灵上留下了创伤。随着年龄的增长，卡夫卡愈发感觉周围的一切是那么无法抗拒、不可改变，而只有在他的内心深处，在他自己用想象构造的世界里，他才能找到少许宁静和安慰。这种逃避实际上是对现实生活的一种反抗，只是这种反抗和卡夫卡的性格一样，是非常软弱的。

卡夫卡直到进入学校时依然保持着这种非常懦弱的性格，很少与人交往，也没有朋友，整天活在自己的世界里。幸运的是，这时的他开始接触文学，并对此产生了浓厚的兴趣，阅读和写作就占据了他的大部分时间。

卡夫卡的懦弱让他选择了逃避，逃向他钟爱的文学世界。

在文学的王国里，人们能够看到卡夫卡有了勇气，摆脱了懦弱。是的，懦弱的卡夫卡选择了并不懦弱的事业，并且取得了斐然的成就。因此，对一切"懦弱者"来说，没有必要去放弃，选对自己人生的方向，就是生活的强者。

风筝能飞多远，关键在于手中的线

　　让我们先来做两个小实验：首先，选择一个你认为舒适的坐姿，闭上眼睛，告诉自己不要去想任何事情，尽量保持不动地静坐三分钟。现在睁开眼睛，你刚才真的做到了希望的那样什么都不想吗？虽然在闭上眼睛之前选择了自己认为很舒适的姿势，但你是否还是会觉得很不舒服，腿没有放好？后背有点痒？想要咳嗽？甚至脑海中出现了很多在睁开眼后捕捉不住的画面？一定有一个是被我说中了的。好了，现在我们再来做第二次，在闭上眼睛之前想想自己希望实现的事，哪怕一个很小的愿望。三分钟后想想刚才你还会注意到第一个小实验里来自身体本身的那些不适的感觉吗？你的全部思维是否都围绕着那个小愿望展开呢？这个实验并不神奇。为什么同样是静坐，而我们的意识却完全不同呢？这是因为我们的意念主导了我们的思维。

或许下面这个小故事能更形象地解释意念的主导性作用。

从前，有一群蚂蚁组织了一场搬运比赛。比赛的过程中，蚂蚁们要背负一块很重的小石子从马路的这端走到对面。这段距离对蚂蚁而言，是一段很远很远的路程，何况还要一直背负重物。一大群蚂蚁围着参赛者，给它们加油。比赛开始了，蚁群中没有一只蚂蚁会相信那只最弱最小的蚂蚁会到达终点。老实说，即使是围观者都没有毅力走完那条长长的路，这实在是太远太累了。大家都在议论："这太难了！它们肯定背不动那么重的石子。""它们绝不可能成功的，路太远了！"参赛的蚂蚁一边前进一边听着大家的议论，慢慢地，一只接一只的蚂蚁开始泄气，除了那些身强力壮的几只还在继续前进。随着比赛的进行，议论的声音也越来越多，甚至有些围观者都坐在了原地不愿继续向前。越来越多的蚂蚁累坏了，退出了比赛。但那只最弱最小的蚂蚁还在背着石子一步一步地挪动着，丝毫没有要放弃的意思。最后，其他所有的蚂蚁都退出了比赛，只有那只最弱小的蚂蚁，费了很大的力气，流了很多的汗水，终于成为唯一一只到达马路对岸的蚂蚁，它是唯一的胜利者！比赛结束了，所有的蚂蚁都想知道它是怎样成功的。有一只年长的蚂蚁跑上前去，问那只胜利的小蚂蚁哪来那么大的力气走完了全程，却发现原来这只最弱小的蚂蚁是个聋子。整个比赛的过程，它听不到其他蚂蚁的议论和泄气声，没有被其他的声音影响它的行动力，它的心中只有一个念头，就是要背着石子一步步向前，直到终点。它不断提醒自己目标是什么，结果它做到了！只有它成功地完成了比赛。

毫无疑问，我们每个人都向往成功，但却不知道该从何做起。在我们的内心，是否和这只小蚂蚁一样，不断提醒自己目标是什么。当你说"我想下次的考试能提高20分""我想一个月减掉10斤的体重""我想明天提早半小时起床"……当你说这些的时候，其实你心里并不相信，因为你已经无数次这么想了，可没有一次成为现实。你气馁了，你放弃了，你越来越不相信你能做到自己希望中的样子。换一种思维方式，再来看同样的事，想要提高成绩、减轻体重、提早起床，你已经清楚地知道了自己想要的是什么，这很好！之所以没有实现，是因为所有的想法只是间歇地进入你的脑子，你的失败经历告诉你这次还是做不到。怎么样才能成功地实现期待呢？你接下来要做的是，不要让这种"想要"的状态间断，要不断地提醒自己目标是什么，抛开所有阻挠它实现的因素，最后你会发现，所有的"我想"，都变成了"我要""我一定"，然后，希望中的事情会一件接一件地成为现实。

这就像放风筝一样，风筝能飞多远，关键在于手中的线。

如果线断了，再好的风筝也飞不起来。我们想要成功的信念，就是这根线，不要让线在风筝刚放飞时就断掉，始终连接着"想要成功"这一心愿发起时的状态，不断地"想"成功，做到这一点，你即将成为见证自己成功的人！

第二章

对生活微笑，生活就会对你微笑

　　生活没有我们想象中那么痛苦，也没有我们想象中那么快乐，只要你对生活微笑，生活就会对你微笑。

奇迹在对逆境的征服中出现

　　人们都希望自己的生活中能够多一些快乐，少一些痛苦；多一些顺利，少一些挫折。可是命运却似乎总爱捉弄人、折磨人，总是给人更多的失落、痛苦和挫折。逆境中的微笑可以让人心平气和，不急不怒，能让人仔细分析所处困境，厘清思路，找出解决办法，顺利渡过难关。不论阴云密布还是阳光灿烂，都让我们时时刻刻保持微笑。微笑是如此简单，人人皆有；微笑是如此重要，治愈心灵；微笑是如此有益，助人成事。

　　草地上有一只蛹，被一个小孩发现并带回了家。
　　过了几天，蛹上出现了一道小裂缝，里面的蝴蝶挣扎了好长时间，身上似乎被卡住了，一直出不来。天真的孩子看到蛹中的蝴蝶痛苦挣扎的样子十分不忍。于是，他便拿起剪刀把蛹壳剪开，帮助蝴蝶脱蛹出来。然而，由于这只蝴蝶没有经过破蛹前必须经历的痛苦挣扎，以致出壳后身躯臃肿，翅膀干瘪，根本飞不起来，不久就死了。自然，这只蝴蝶的欢乐也就随着它的死亡而永远地消失了。

这个小故事说明了一个人生道理：要得到欢乐就必须能够承受痛苦和挫折。这是对人的磨炼，也是一个人成长必经的过程。

人生在世，谁都会遇到厄运，适度的厄运具有一定的积极意义，它可以帮助人们驱走惰性，促使人奋进，因此，厄运又是一种挑战和考验。我们的生活因荆棘而充满意义，我们的性格因坎坷而锤炼成熟。厄运来临时，与厄运挑战，在战斗中升华自己，这就是逆境与厄运的意义所在。

人生重要的不是拥有什么，而是经历了什么，任何坎坷的经历都是一种宝贵的人生财富。英国哲学家培根说过："超越自然的奇迹多是在对逆境的征服中出现的。"关键的问题是应该如何面对厄运与不幸。最高的境界是在逆境中学会微笑。

千万不要吝啬微笑

　　当我们微笑时，微笑的面庞总是真挚动人、温情洋溢，宛如和煦的阳光洒在心间，当我们一路朝着它所在的方向走去的时候，忧愁和烦恼都会被渐渐地抛在身后的阴影里。微笑能够使烦恼的人得到解脱，使疲劳的人得到休憩，使颓唐的人得到鼓励，使悲伤的人得到安慰。

　　与人相处时，善意的开始必然带来理想中的结果。面带微笑，心存真诚，两人相对的第一个瞬间，必定能传达出最友好的信号。 当我们面带微笑，对方会看到，那个微笑是发光的；当我们口出赞叹，对方会听到，那句赞美是发光的；当我们伸手扶持，对方会感受到，那温暖的一握是发光的；当我们静心倾听，对方会体会到，那对聆听的耳朵是发光的。

这是一种神奇的精神力量，能够化腐朽为神奇，帮助我们化解很多难题。

生活中，许多人认为，微笑着面对每一个人是件很困难的事，实际并非如此。只要你平时多对自己说："我想做一个快乐的人，我喜欢微笑。"你肯定能做到这一点。

有一个人常常觉得生活没有任何意义，除了悲伤就是烦恼，所以，他渐渐地越来越颓废、越来越忧郁。

一天，他听说在远方深山的庙里有一位得道高僧，能够帮人答疑解惑，便跋山涉水地寻到了这位高僧，向老禅师请教解脱之法。

忧郁者问："禅师，我究竟应该怎么做，才能够摆脱这悲观痛苦的深渊，得到充实而轻盈的快乐呢？"

禅师回答："微笑，对自己微笑，也对他人微笑。"

忧郁者仍然困惑，又问："可是我没有微笑的理由啊！生活如此艰辛，我为什么要微笑呢？"

禅师略微思索了一下，说："第一次微笑是不需要理由的，你只要尽情地绽放自己的笑容就可以了。"

"那么第二次、第三次呢？一直都不需要理由吗？"

"不要担心，到第二次、第三次的时候，微笑的理由就自己来找你了。"

忧郁者踏上了返乡的归程，老禅师微笑着目送他离去的背影。

不久以后，寺中来了一位快乐的年轻人，他径直来到老禅师的禅房外，轻轻地敲了敲门，说："禅师，我回来了。"他的声音中充满了快乐。

老禅师并未打开门，而是在屋内问道："你找到微笑的理由了吗？"

"找到了！"年轻人兴奋地说。"那么，你是在哪里找到它的呢？"老禅师又问道。

"当我第一次对来向我借东西的邻居微笑的时候，他同样给了我一个微笑，那一刻，我突然发现天空是那么辽阔，空气是那么清新！第二次，当我走在路上被一个人撞到时，我并没有愤怒，而是送给他一个微笑，我得到了他发自内心的歉意和感谢，那是人世间多么美好的情感！第三次，当我把微笑送给在草地上玩耍的孩子时，他们拉着我加入了游戏的队伍……我不再吝啬自己的笑容，我把它们送给路上的陌生人，送给街边休息的老人，甚至送给曾经羞辱过、欺骗过、伤害过我的人，在这个过程中，我收获了高于我所付出几倍的东西，这里面有赞美、感激、信任、尊重，也有某些人的自责和歉意。这些让我更加自信、更加愉快，也更加愿意付出微笑。"

"你终于找到了微笑的理由。"禅师轻轻地推开房门，微笑着对他说，"假如你是一粒微笑的种子，那么，他人就是土地。"

微笑，是一股清新的风，驱散夏日里无奈的烦躁；微笑，是一缕和煦的阳光，为在寒冷中煎熬的人们带来力量和勇气；微笑，是新春原野上的芳草，袒露着鲜活和蓬勃；微笑，是金秋时节熟透了的果实，展示着芳香和甘甜。

微笑，是洒向人间的爱意，拥抱世界的友善。你的笑靥虽不能倾国倾城，但只要是发自肺腑，真诚而又自然，也足以使人感到无限的惬意和温暖。

微笑，是世间最美的表情，它代表了友善、亲切、礼貌与关怀。不会笑的人，仿佛身旁的空气都凝滞得难以流动，待久了是会让人窒息的。长得不美，笑得也不好看，这都没关系，重要的是，你是否真心诚意地展颜一笑，送给每一位与你擦身而过的熟悉或陌生的人。

明天总是美好的

命运不会吝啬给我们苦楚，可是如果我们保持乐观的心态，那么即便有再多的苦楚，我们也能将其掩埋在微笑之下。

钟爱东，百庙鱼塘的主人，被评为省"巾帼科技兴农带头人"。

从一名普通的下岗女工到身价千万的养殖大王，不惑之年的钟爱东仍然勤劳纯朴。事业几经起落，她说，横下一条心，没有过不去的坎儿。

1997年1月1日，是钟爱东不能忘却的日子，这一天，本以为捧上"铁饭碗"的她下岗了。在一家工厂工作了近20年，还成了厂里的"一把手"，钟爱东说，她把全部的心血、最好的青春年华，都给了工厂，甚至没有时间照顾年幼的孩子。"当时觉得，心里有什么东西被人硬掰了下来"，钟爱东说，那天，她哭了。

下岗后，她接到的第一个电话，是花都区妇联打来的。她说，就是这个电话，在最艰难的时候教会了她"用笑容去迎接困难"。钟爱东在当厂长的时候就经常与周围的农民接触，知道养殖水产有赚头，看准这一点，她拿出了仅有的2000元"箱底钱"，又东奔西走借了些款，一咬牙承包了200亩低洼田，资金不够，就赚一分投入一分，滚动式周转。几年下来，天天"泡"鱼塘、搞技术，200亩低洼田变成了水产养殖地。钟爱东说，那时鱼塘就是全部的生活了，她每天早上都要花一个小时绕池塘走上一圈。

钟爱东没想到，生活中的第二次打击来得这么快。1997年5月8日，一场大洪水淹没了她刚刚兴旺的鱼塘。站在堤坝上，看着不断上涨的洪水一点点吞没了鱼塘，钟爱东绝望地回了家。"哪里跌倒就从哪里爬起来。"钟爱东说，这是当时丈夫说的唯一一句话，倔强的她这次没有流泪。她开始带着工人挖塘、养苗，引进新技术、新鱼种，被洪水毁坏的鱼塘一点点"回来"了。

钟爱东成了远近闻名的"鱼王"，鱼塘越做越大，还办起了企业。多年的艰难经营，让以"养鱼为生"

的钟爱东对技术情有独钟：一个没有创新、没有新产品的企业，就像脱水的鱼。钟爱东有个温暖的四口之家，她说，在最困难的时候，家人的支持成了她的精神支柱。"当初好多次想到放弃，是他们帮我渡过了难关。"屡经磨难，钟爱东说最重要的是要学会如何看待失败，"下岗、失败都不用怕，路是自己走出来的，认定目标走下去，一定会成功。"

生命，有起有落，有悲有喜，起伏不定，但是太阳却依然光亮，月亮仍然美丽，星星依旧闪烁……一切的一切仍旧是那么和谐，而生命，依然会有着更绚烂的色彩亟待我们去发现。明天，总是美好的，只要我们保持乐观，在艰难中咬紧牙关，就能够在痛苦中盼来新的晨曦。

境由心生，境随心转

　　没有什么东西能比一个阳光般灿烂的微笑更能打动人的了。微笑具有神奇的魔力，它能够化解人与人之间的坚冰，一旦你习惯了微笑，你的生活从此会变得更加轻松，而人们也喜欢享受你那阳光般灿烂的微笑。

　　百货店里，有个穷苦的妇人，带着一个约四岁的男孩在转悠。母子俩走到一架快照摄影机旁，孩子拉着妈妈的手说："妈妈，让我照一张相吧。"妈妈弯下腰，把孩子额前的头发拢在一旁，很温柔地说："不要照了，你的衣服太旧了。"孩子沉默了片刻，抬起头来说："可是，妈妈，我会面带微笑的。"

每当想起这个场景，内心就会被那个小男孩所感动。因为小男孩的话无意中道破了一个真理：只要有微笑，生活永远都是崭新的。

法国作家拉伯雷说过这样的话："如果我们整日愁眉苦脸地生活，生活肯定愁眉不展；如果我们爽朗乐观地生活，生活肯定阳光灿烂。"既然现实无法改变，当我们面对困惑、无奈时，不妨给自己一个笑脸，一笑解千愁。

微笑是一种心态的外在表现，这种魔力不仅能够给日渐枯萎的生命注入新的甘露，也会使你的人生开出幸福的花朵。

微笑蕴涵的是坚实的、无可比拟的力量，一种对生活巨大的热忱和信心，一种高格调的真诚与豁达，一种直面人生的智慧与勇气。而且境由心生，境随心转。我们内心的思想可以改变外在的容貌，同样也可以改变周遭的环境。

约翰·内森堡是一名犹太籍的心理学博士。在二战期间，由于纳粹的疏忽，他幸免于难，但也没能逃脱纳粹集中营里的惨无人道的折磨。他曾经绝望过，这里只有屠杀和血腥，没有人性、没有尊严。那些持枪的人像野兽一样疯狂地屠戮着，无论是怀孕的母亲、刚刚会跑的儿童，还是年迈的老人。他时刻生活在恐惧中，这种对死的恐惧让他感到一种巨大的精神压力。集中营里，每天都有人因此而发疯。内森堡知道，如果自己不控制好自己的情绪，也难以逃脱精神失常的厄运。

有一次，内森堡随着长长的队伍到集中营的工地上去劳动。一路上，他都在想，晚上能不能活着回来？能否吃上晚餐？他的鞋带断了，能不能找到一根新的？这些幻觉让他感到厌倦和不安。

于是，他强迫自己不去想那些倒霉的事，而是幻想自己是在前去演讲的路上，他来到了一间宽敞明亮的教室中，他精神饱满地在发表演讲。

他的脸上慢慢浮现出了笑容。内森堡知道，这是久违的笑容。当他知道自己还会笑的时候，他就知道，他一定不会死在集中营里，他一定会活着走出去。所以当他从集中营中被释放出来时，内森堡显得精神很好。他的朋友不相信，一个人可以在"魔窟"里做到如此乐观。

微笑是阳光的美丽外衣，笑容就像穿过乌云的太阳，能够给人带来一种信心、一种希望。

获得平静的心灵，抛掉抱怨的念头

获得平静的心灵，抛掉抱怨的念头，有一个很重要的方法，那就是将心灵腾空。你可以多尝试几次，但是一定要腾空心中的恐惧、仇恨、不安、内疚、悔恨和罪恶感。事实上，只要你腾空自己的心灵，就会缓解你的痛苦和负担。如果你不这样做，一味地抱怨、忧虑下去，那么你也只是在折磨自己，事情也不会发生任何的改变。

一个商人的妻子不停地劝慰着她那在床上翻来覆去、折腾了足有几百次的丈夫："睡吧，别再胡思乱想了。"

"嗨，老婆子啊，"丈夫说，"你是没遇上我现在的事啊！几个月前，我借了一笔钱，明天就到还钱的日子了。可你知道，咱家哪儿有钱啊！我要是还不上钱，他们能饶得了我吗？为了这个，我能睡得着吗？"他接着又在床上继续翻来覆去。

妻子试图劝他，让他宽心："睡吧，等到明天，总会有办法的，我们说不定能弄到钱还债的。"

"不行了，一点儿办法都没有啦！"丈夫喊叫着。

最后，妻子忍耐不住了，她爬上房顶，对着邻居家高声喊道："你们知道，我丈夫欠你们的债明天就要到期了。现在我告诉你们：我丈夫明天没有钱还债！"她跑回卧室，对丈夫说："这回睡不着觉的不是你，而是他们了。"

如果凌晨三四点的时候，你还在抱怨、忧虑，似乎全世界的重担都压在你的肩膀上：到哪里去找一间合适的房子、找一份好一点的工作？怎样可以使那个啰唆的主管对你有好印象？儿子的健康、女儿的行为、明天的伙食、孩子们的学费……可怜！你的脑子里有许多烦恼、问题和亟待要做的事在那里滚转翻腾！墙上糊的纸好不好？女儿的男友配得上她吗？粮食会不会又要涨价了？你脑子里的思绪东飘西荡，你仿佛永远无法入睡了！

不，你会睡着的，只要你采取一个简单的步骤，对自己说一句简短的话，重复几遍，每一次都要深呼吸，放轻松！你要对自己说，同时心里也要真的这样想："不要怕。"

深呼吸，一切由他去！睁开眼睛，再轻松地闭起来，告诉自己："不要怕。"要仔细想想这些有魔力的字句，而且要真正相信，不要让你的心仍彷徨在恐惧和烦恼之中。

请记住一点，世上没有任何事情是值得抱怨和忧虑的，绝对没有！当然，你可以让自己的一生在对未来的忧虑中度过，然而无论你多么忧虑，甚至抑郁而死，你也无法改变现实。

少说怨言，多行动

我们都是听着"天道酬勤"的道理长大的，都知道勤奋是通往成功的必经之路。其实，勤奋也是让我们远离抱怨的一种捷径。勤奋的人总是会想办法处理问题，让忙碌的生活占据了抱怨的时间。勤奋会让我们把抱怨的情绪化为积极的行动去改变生活和工作中的不如意，进而提升我们的生活质量，改变我们的人生。成功的人身上都有一个特点，那就是很少抱怨，积极行动。

加伦如今是一家建筑公司的副总经理。五六年前，他是作为一名送水工被建筑公司招聘来的。在送水工作中，他并不像其他送水工那样，刚把水桶搬进来，就一面抱怨工资太少，一面躲起来吸烟。每一次他都给每一位建筑工人的水壶倒满水，并利用工人们休息的时间，请求他们讲解有关建筑的各项知识。

没几天，这个勤奋好学、不满足现状的送水工，引起了建筑队长的注意。两周后，他被提拔为计时员。做上计时员的加伦依然精益求精地工作，他总是早上第一个来，晚上最后一个走。

由于他勤学，对包括地基、垒砖、刷泥浆等在内的所有建筑工作都非常熟悉，当建筑队长不在时，一些工人总爱问他。一次，建筑队长看到加伦把旧的红色法兰绒撕开套在日光灯上，以解决施工时没有足够的红灯照明的难题后，便决定让这位年轻人做自己的助理。

就这样，他通过自己的勤奋努力抓住了一次次机会，用五六年的时间，便晋到了这家建筑公司的副总经理的位置。虽然加伦升迁了公司的副总经理，但他依然坚持自己勤奋工作的一贯作风。他常常在工作中鼓励大家学习和运用新知识、新技术，还常常自拟计划，自画草图，向大家提出各种好的建议。只要给他时间，他就可以把客户希望他所做的事做到最好。

在这个世界上，到处都有一些看来很有希望成功的人，他们的身上有着非凡的品质，目光之中也透着聪明。但是，他们最终并没有成功，原因就在于他们只知抱怨，缺乏勤奋的工作精神。

　　一个勤奋的人发现生活或自己的工作条件不够好的时候，他们首先选择的不是抱怨，而是努力地做好自己该做的事情，在脚踏实地地做好自己手头的事情的时候，去积极学习自己所欠缺的知识和技能。知识和技能是接近成功的垫脚石，只有不断地积累，最终才会达到成功。

当看得见成功的远景时，便能走出困境

世事无常，我们随时都会遇到困厄和挫折。遇见生命中突如其来的困难时，你都是怎么看待的呢？不要把自己禁锢在眼前的困苦中，眼光放远一点，当你看得见成功的未来远景时，便能走出困境，达到梦想的目标。

当我们遭受厄运的时候、当我们面对失败的时候、当我们面对灾难的时候，只要我们仍能在自己的生命之杯中盛满希望之水，那么，无论遭遇什么样的坎坷不幸之事，我们都能永葆乐观心态，我们的生命才不会枯萎。

在一座偏僻遥远的山谷里的断崖上，不知何时，长出了一株小小的百合。它刚诞生的时候，长得和野草一模一样，但是，它心里知道自己并不是一株野草。它的内心深处，有一个坚定的念头："我是一株百合，不是一株野草。唯一能证明我是百合的方法，就是开出美丽的花朵。"它努力地吸收水分和阳光，深深地扎根，直直地挺着胸膛，对附近的杂草置之不理。

在野草和蜂蝶的鄙夷下，百合努力地释放内心的能量。百合说："我要开花，是因为知道自己有美丽的花；我要开花，是为了完成作为一株花的庄严使命；我要开花，是由于我要以花来证明自己的存在。不管你们怎样看我，我都要开花！"

终于，它开花了。它那灵性的白和秀挺的风姿，成为断崖上最美丽的风景。年年春天，百合努力地开花、结籽，最后，这里被称为"百合谷地"，因为这里开满了洁白的百合。

我们生活在一个竞争十分激烈的社会，有时在某方面一时落后，有时困难重重，有时失败连连，甚至有时被人嘲笑……无论怎样，我们都不能放弃努力；无论什么时候，我们都应该像那株百合一样，为自己播下希望的种子。

内心充满希望，它可以为你增添一分勇气和力量，它可以支撑起你一身的傲骨。当莱特兄弟研究飞机的时候，许多人都讥笑他们是异想天开，当时甚至有句俗语说："上帝如果有意让人飞，早就使他们长出翅膀。"但是莱特兄弟毫不理会外界的说法，并成功发明出了飞机。当伽利略以望远镜观察天体，发现地球绕太阳而行的时候，教皇曾将他下狱，命令他改变主张，但是伽利略依然继续研究，并著书阐明自己的学说，他的研究成果后来终于获得了证实。最伟大的成就，常常属于那些在大家都认为不可能的情况下，却能坚持到底的人。坚持就是胜利，这是一条成功的秘诀。

暂时的落后一点都不可怕，自卑的心理才是可怕的。人生的不如意、挫折、失败对人是一种考验，是一种学习，是一种财富。我们要牢记"勤能补拙"，既能正确认识自己的不足，又能放下包袱，以最大的决心和最顽强的毅力克服这些不足，弥补这些缺陷。人的缺陷不是不能改变，而是看你愿不愿意改变。只要下定决心，讲究方法，就可以弥补自己的不足。

在不断前进的人生中，凡是看得见未来的人，也一定能掌握现在，因为明天的方向他已经规划好了，知道自己的人生将走向何方。留住心中的"希望种子"，相信自己会有一个无可限量的未来。心存希望，任何艰难都不会成为我们的阻碍；怀抱希望，生命自然会充满激情与活力。

度过寒冬，生活一定会更好

　　四时有更替，季节有轮回，严冬过后必是暖春，这符合大自然的发展规律。在我们人类的眼中，事物的发展似乎也遵循着这一条规律。否极泰来、苦尽甘来、时来运转等成语无不反映了人们的一种美好愿望：逆境达到极点就会向顺境转化，坏运到了尽头好运就会来到。所以，我们坚信，没有一个冬天不可逾越，没有一个春天不会来临。这是对生活的信心，也是对生活的希望，有了信心与希望，无论事情再怎么糟糕，我们也会有面对现实的勇气和决心。

　　约翰是一个汽车推销商的儿子，他是一个典型的美国孩子。他活泼、健康，热衷于篮球、网球、垒球等运动，是一个中学里小有名气的优秀学生。后来约翰应征入伍，在一次军事行动中，他所在的部队被派遣驻守一个山头。激战中，突然一颗炸弹飞入他们的阵地，眼看即将爆炸，他果断地扑向炸弹，试图将它扔开。可是炸弹却爆炸了，他重重地倒在地上，当他向后看时，发现自己的右腿和右手全部被炸掉了，左腿变得血肉模糊，也必须截掉了。一瞬间他想哭，却哭不出来，因为弹片穿过了他的喉咙。人们都以为约翰再也不能生还，但他却奇迹般地活了下来。

是什么力量使他活了下来？是希望的力量。在生命垂危的时候，他反复诵读贤人先哲的这句格言："如果你懂得苦难磨炼出坚韧，坚韧孕育出骨气，骨气萌发不懈的希望，那么苦难会最终给你带来幸福。"约翰一次又一次默念着这段话，心中始终保持着不灭的希望。然而，对于一个三截肢（双腿、右臂）的年轻人来说，这个打击实在太大了！在深深的绝望中，他又看到了一句先哲格言："当你被命运击倒在最底层之后，再能高高跃起就是成功。"

回国后，他从事了政治活动。他先在州议会中工作了两届。然后，他竞选副州长失败。这是一次沉重的打击。但他用这样一句格言鼓励自己："经验不等于经历，经验是一个人经过经历所获得的感受。"这激励他更自觉地去尝试。紧接着，他学会驾驶一辆特制的汽车并跑遍全国，发动了一场支持退伍军人的活动。

那一年，总统命他担任全国复员军人委员会负责人，那时他34岁，是这个机构中担任此职务最年轻的一个人。约翰卸任后，回到自己的家乡。1982年，他被选为州议会部长，1986年再次当选。

后来，约翰已成为亚特兰城一个传奇式人物。人们可以经常在篮球场上看到他摇着轮椅打篮球。他经常邀请年轻人与他进行投篮比赛。他曾经用左手一连投进了18个篮球。引用一句格言说："你必须知道，人们是以你自己看待自己的方式来看你的。你对自己自怜，人家则会报以怜悯；你充满自信，人们会待以敬畏；你自暴自弃，多数人就会嗤之以鼻。"一个只剩一条手臂的人能成为一名议会部长，能被总统赏识担任一个全国机构的要职，是这些格言给了他力量。同时，他的成功也成了这些格言的有力佐证。

天无绝人之路，生活有难题，同时也会给我们解决问题的能力与方法。约翰之所以能够生存下来并创造事业的辉煌，是因为他坚信人生没有过不去的坎，坚信冬天之后春天会来临。他在困难面前没有低头，昂首挺进，直至迎来了生命的春天。

生活并非总是艳阳高照，狂风暴雨随时都有可能来临。但是每一个人都需要将自己重新打理一下，以一种勇敢的人生姿态去迎接命运的挑战。请记住，冬天总会过去，春天总会来到，太阳也总要出来的。度过寒冬，我们一定会生活得更好。

第三章

每个人都有未知的可能性

　　每个人的命运都蕴藏在自己的胸膛里。只有善于发现自己的人，才能走出命运的迷宫，找到真正的宝藏。

唤醒你心中沉睡的巨人

　　布勃卡是举世闻名的奥运会撑竿跳冠军，享有"撑竿跳沙皇"的美誉。他曾数十次创造撑竿跳世界纪录，所保持的两项世界纪录，迄今无人打破。在接受"国家勋章"的授勋典礼上，记者们纷纷提问："你成功的秘诀是什么？"布勃卡微笑着说："很简单，每次撑竿跳之前，我都会先让自己的心'跳'过横杆。"

　　作为一名撑竿跳选手，在成名之前，尽管布勃卡不断尝试新的高度，但每次都以失败告终。他既沮丧又苦恼，甚至怀疑过自己的能力。有一天，他来到训练场，禁不住摇头对教练说："我实在跳不过去。"教练平静地问："你是怎么想的？"布勃卡如实回答："只要踏上起跳线，一看那根高悬的横杆，心里就害怕。"教练看着他，突然厉声喝道："布勃卡，你现在要做的就是闭上眼睛，先让你的心从横杆上'跳'过去。"教练的训斥让布勃卡如梦初醒。遵从教练的吩咐，他重新撑杆，这一次，他顺利地跃身而过。教练欣慰地笑了，语重心长地说："记住，先让你的心从横杆上'跳'过去，你的身体就一定会跟着过去。"

潜能是每个人固有的天然宝库，每个人身上都有一个取之不尽、用之不竭的潜能宝库。不过，大多数人心中的巨人是酣睡着的。一旦巨人醒来，宝库打开，连你自己都会感到吃惊。

"无臂蛙王"蔡耀星因家境贫穷，小学毕业便当了学徒。16岁时，他在工作中误触高压电，伤势非常严重，好几家医院都拒收，医生都摇头说"没救了"。后来他辗转进入了一家医院，医生从死神手中抢回他一条命，但是他的双臂全被截去，这注定他往后一辈子都是"无臂残障者"。由四肢健全一下子变成"无臂人"，真是晴天霹雳。然而祸不单行，父亲车祸过世，母亲改嫁，妹妹也远嫁，他一人独居多年，但"还是要活下去啊"。没有手，怎么吃饭？蔡耀星看狗儿如何吃，就学狗儿一样"直接用嘴吃饭"。没有手，怎么穿衣服？他学会用嘴巴、用脚指头，慢慢将衣服套上。

穿裤子呢？他利用树木的枝杈来钩住裤子，以方便他顺势起身，将裤子套上……所以，在他家中，姐姐、姐夫为他钉了好多钉子及其他"暗器"，来协助他完成每一件事情。别人都是"双手万能"，可是，他却是"双脚万能"，凡是洗头、洗脸、刷牙、写字、拿书、接电话、梳头……全都靠双脚来完成！连洗米、煮饭、切菜、切肉，也都用双脚来操作，一"脚"的好功夫，真是"神乎其技"了。"我相信'意念的力量'，我要坚定目标！虽然以前我靠养鸡鸭、捡蜗牛为生，但我还是天天训练体力，在水中游、在路上走、在沙滩上跑，我不管别人怎么看我，但我要为自己而活！希望有一天，我还能参加残疾人奥运会，这是我最大的梦想！"蔡耀星眼中闪耀着期盼与梦想！而这番豪言壮语，蔡耀星并不是随便说说而已，因为无师自通的他，早已在前些年参加了运动会，成为50米、100米蛙泳，50米仰泳的金牌得主，后来又获得蛙泳、仰泳等多项金牌，被人们敬称为"无臂蛙王"。取得各种成就的蔡耀星一直有接受教育的梦想。后来，在一位热心老师的协助下，蔡耀星进入一所高中就读夜校。每天，他都坚持上学，风雨无阻，用脚使用计算机、用脚捧书、用脚写考卷，也用脚挺住自己多舛的人生。而在多场的学校演讲中，蔡耀星告诉年轻的学子们："人生充满希望，去做就对了！""每天愁眉苦脸也是一天，还不如快快乐乐地过每一天！"

　　蔡耀星的命运是悲惨的，但他却将生命中一副极差的牌，打得令人刮目相看！这样"用脚改写人生""游出生命金牌"的无臂蛙王，岂不教人敬佩？"不要看失去什么，只看还拥有什么！"蔡耀星的这句话，值得我们每一个肢体健全的人去深思。

世上无难事，只怕有心人

"NO"这个词代表着"不"，但也代表着失败、拖延。可是如果我们把这个词颠倒过来，"NO"便成了"ON"，也就有了"前进"的意思。在人们的传统思维中，工作中存在着许多的禁区，这是不能做的，那是不能想的，许许多多的事情都被贴上了"NO"的标签。然而，思路灵活的人则会向这一思维挑战，要改变工作的"不可能"，把"NO"变成"ON"。

保罗·奥法里，幼年时患有严重的阅读困难症，二年级和九年级的考试他都没有及格。高中毕业时他在全校1500名学生中列倒数第8。有一次他接受采访时幽默地说:"说句实话,我真不知道那7个人的分数怎么会比我还低。"初期的失败并没有把这个有着卷曲红发,身材高挑,但是行动迟缓的孩子打入另册。这位黎巴嫩移民的儿子认准了自己的目标——从商。1970年,当他还是圣巴巴拉加利福尼亚大学的一名学生时,他以100美元的价格在一个出售玉米面豆卷的摊位后面租了一间小车库,用于销售文具。车库的门上贴着他的绰号:金考。奥法里在校园里四处寻找商业点子,他发现大学生们需要笔记本。他开始在校园的路边出售笔记本。在他的店铺开张时,他不知道这家店铺是否会变成图片社、文具店还是复印中心。他的顾客为他指明了道路。从一家大学校园边缘的自助复印店开始,奥法里带着自己的目标继续在商业的路上前进,逐渐发展成一家有850个分店的巨大连锁公司,而且这家连锁公司在小企业迅猛发展的过程中居于中心地位。这家连锁公司提供复印和打印服务,当然还有大量其他的基本商业服务,如电话会议和互联网上网等。干净明亮的金考连锁店每天24小时营业,很多小企业主和刚刚涉入商海的企业家都把金考当成了自己的第二个家。无数个商业计划都是在金考起草、修改、讨论和印制的。

当一件人人看似"不可能做到"的艰难工作摆在你面前时,不要抱着"唯恐避之不及"的态度,更不要花过多的时间去设想最糟糕的结局，不断重复"根本不可能做到"的念头——这等于在预演失败。就像一个高尔夫球员，不停地嘱咐自己"不要把球击入水中"时，他脑子里将出现球掉进水中的画面。试想，在这种心理状态下，击出的球会往哪里飞呢？世上无难事，只怕有心人。面对困难，只要你勇于尝试，积极寻求解决方案，那么，"NO"也能变成"ON"。

　　亨利·福特准备制造V-8汽缸引擎时，要求工程师把8个汽缸放在一起。图纸很快画出来了，但是工程师们却异口同声地说："把8个汽缸放在一起，是根本不可能的事情。""天下没有办不到的事，无论如何要做出来。"福特没有理会他们。"但是，那真的是不可能啊！"工程师们坚持说。"现在就动手去做，不论花多少时间，都必须完成。"福特没有妥协。工程师们只得着手去做。因为他们知道福特的脾气，不按他的话去做，就得丢掉饭碗。半年过去了，一点儿动静也没有。又过了半年，还是没有一点儿进展。工程师想了一切他们能够想到的办法，都没有成功，很多人都想放弃了，只是不敢提出来。接着，又过了一年，工程师感到实在没有办法了，他们再次来到福特面前："那根本是不可能的。""继续做！"福特的口气没有丝毫商量的余地，"我要8汽缸引擎，一定要做出来！"工程师们只好再次动手做起来，这一回，他们想到办法了，并很快做了出来，V-8汽缸引擎宣告诞生。

正是因为亨利·福特的这种不畏艰险，一定要将事情做好的精神和勇气，才使福特公司不论在多么险恶的环境下都能蒸蒸日上，在竞争中立于不败之地。

美国南北战争期间，就在北方的将军们等待条件成熟、万事俱备、奇迹降临的时间里，南方军在罗伯特·李将军的带领下不断取得胜利，逼得北方军无路可退，整个美洲和欧洲甚至都认为林肯政府完蛋了。就在这时，格兰特将军出现了，他是一位绝不在困难面前低头的将领。当无数人认为不可能取胜的时候，他坚信能够胜利；当无数人认为应该防守的时候，他采取了主动进攻；当所有人认为应该撤退，甚至产生"求和"念头的时候，他已经挥师南下；当所有人认为条件还不具备的时候，他已经着手自己创造条件。他没有对林肯说"现在条件不成熟""现在时机还没到""现在资源还不够"……而是立即行动，想尽一切办法，创造条件、时机和资源，创造全新的思路和方法，不依靠任何人的指点和督促，并最终完成了林肯交给他的任务——彻底打败了南方军。

面对困难，当你认为某项任务不可能完成时，你的大脑就会为你找出种种完不成的理由。但是，当你相信这项任务确实可以完成时，你的大脑就会帮你找出能做到的各种方法。不管你的面前横亘着什么，只要你无所畏惧，相信自己一定能成功，你就能把"NO"变成"ON"。

当真正认识自己时，价值才会体现出来

　　许多年前，俄克拉荷马州的一个老印第安酋长在领地上发现了石油，他一夜之间暴富。暴富后的印第安酋长决定一改乘马的习惯，订购了一部最高级的凯迪拉克大轿车。轿车在众族人的目光中用拖车运到。酋长久久端详着他的新坐骑，终于想到了驾驶这部轿车的方式。酋长让族人牵来两匹马，将马套拴在凯迪拉克前的保险杠上，由马匹拖着大轿车，雇了一名车夫，赶着马前行。酋长每天坐着这辆由两匹马拉着的凯迪拉克，在周边的印第安村庄中巡视。衣食足而知荣辱，有钱后的酋长又开始学英语，想要成为跟得上时代潮流的人。他稍稍看得懂英文后，有一天心血来潮，打开那份随车所附的操作手册。不看则已，一看，他不禁火冒三丈。原来操作手册上清清楚楚地写着，这部凯迪拉克大轿车拥有260匹马力。酋长顿时恍然大悟，难怪他一直觉得这辆轿车虽然高级，但跑起来的速度远不及自己以前的旧马车，原来问题出在这里，这辆大轿车应该附赠260匹马儿来拉，才能跑得飞快。他心想：那些汽车商欺负我们印第安人，做生意不老实，竟然扣下了附赠的马匹。酋长立刻写了一封抗议信，直接寄给汽车公司，要求对方赔偿他应得的马匹。凯迪拉克公司接到这封莫名其妙的信，虽然不明白信中所指何事，但也不敢怠慢客户，马上派了一位专员去了解情况。专员到了印第安酋长的保护区，见到了那辆保险杠上拴着两匹马的凯迪拉克，更是一头雾水。酋长质问他，为什么没有将260匹马同时带来？折腾了大半天，汽车公司的专员才理出了头绪，便问酋长："这部车的钥匙呢？"酋长摇头答道："什么钥匙？没见过。"专员笑着叹气，解下保险杠上的马，请酋长坐进车里，然后从箱中取出那部车的钥匙，插进锁孔轻轻一扭，引擎隆隆作响。专员向酋长点头致意，拉下挡位，轻踩油门，轮胎发出与地面快速摩擦的声音，这部大轿车首次由发动机驱动，全速奔驰而去。

　　现代生活中发生这种事情的概率可能为零，但这个故事的意义在于告诉我们：每个人都有与生俱来的潜能，但是许多人终其一生，也不知道如何找到打开思路的"钥匙"，发动前进的"引擎"，全速奔向成功，所以有许多人虚度了美好的时光。正如一位作家所说："1角硬币和20美元若沉在海底的话，毫无区别。"它们的价值区别，只有当你将它们捞起并使用时才显现出来。同样，只有当你深刻地认识了自己并发挥你无穷的智慧时，你的价值和才能才会体现出来。

找到实现自我生命的意义

　　腔棘鱼又称"空棘鱼"，由于脊柱中空而得名，是目前世界上十分罕见的鱼类，由于科学家在白垩纪之后的地层中找不到它的踪影，因此认为这个"登陆英雄"已经告别了世间，全部灭绝了。1938年，科学家在南非发现了一条腔棘鱼，这个史前鱼种竟然还活着！在距今4亿年前的泥盆纪时代，腔棘鱼的祖先凭借强壮的鳍，爬上了陆地。经过一段时间的挣扎，其中的一支越来越适应陆地生活，成为真正的四足动物；而另一支在陆地上屡受挫折，又重新返回大海，并在海洋中寻找到一个安静的角落，与陆地彻底告别了。这个安静的角落就是10000多米深的海底。众所周知，人类入海比登天还要难。首先是巨大的压力：水深每增加10米，压力就要增加1个大气压。在10000多米深的海底，压力将高达1000多个气压，别说人的血肉之躯，就是普通的钢铁构件也会被压得粉碎。还有海底的恶劣环境：黑暗、寒冷。太阳光进入海中很快被吸收，自然光射达10米深时，光能只占海洋表面能量的18%，而到100米深处时，则只有1%了。光线稀少，热量自然难留，水下的寒冷和黑暗可想而知。然而，腔棘鱼通常生活在非常深的海底，并把自己隐藏在海底礁石的洞穴里。在恶劣的海底世界里，它们以生存为目标，不断给自己施加压力，学会与压力共处，在自己的历史空间里痛并快乐地生存着，超乎想象地存在了4亿年！

生命的潜能是无穷的，它可以承受难以想象的困难和压力。只有承受住压力的生命，才能真正显现出自己的美丽。

有一次，乔治不幸遭遇了交通事故，他被一辆小汽车撞得不省人事，好在有人将他迅速地送往了医院。在一间灯光暗淡的病房里，两位女护士焦急地工作着——每人各抓住乔治的一只手腕，力图摸到脉搏的跳动。因为乔治在这整整6小时内都未能脱离昏迷状态。医生已经做了他所能做的一切事情。乔治不能动弹、说话或抚摸任何东西。然而，他能听到护士们的声音，在昏迷的某些时间里，他能相当清楚地思考，他听到一位护士激动地说："他停止呼吸了！你能摸到脉搏的跳动吗？""没有。"他一再听到如下的问题和回答："现在你能摸到脉搏的跳动吗？""没有。""我很好，"他想，"但我必须告诉他们，无论如何我必须告诉他们。"同时他对护士们这样近乎愚蠢的关切又觉得很有趣，他不断地想："我的身体状况良好，并非即将死亡，但是，我怎么能告诉他们这一点呢？"于是他记起了他所学过的自我激励的语句："如果你相信你能够做这件事，你就能完成它。"他试图睁开眼睛，但失败了，他的眼睑不肯听他的命令。事实上，他什么也感觉不到，但他仍努力地睁开双眼，直到最后他听到这句话："我看见一只眼睛在动——他仍然活着！"这种情况持续了一段相当长的时间，直到乔治努力睁开了一只眼睛，接着又睁开另一只眼睛。恰好这时候，医生回来了，医生和护士们以精湛的技术、坚强的毅力，使他"起死回生"了。

"潜能"是生命天生所具备的一种能量。这种能量是人类对万物造化的一种反抗，因为天地造人，却没有赋予人类以意义。而人的潜能，则是帮助人找到实现自我生命的意义。

没有机遇，就创造机遇

敢于突破自己的想法往往就能得到自己想要的。每一个人做事，不仅要选择那些适合自己的事业，而且需要独具慧眼，敢于打破常规，敢于冲破世俗观念，选择更适合自己、更有利于发挥自己的长处、更能挖掘自己的内在潜能、更有益于使自己走向成功的事业。

理查德·麦当劳与莫里斯·麦当劳两兄弟是快餐业的开创者。麦氏兄弟的父亲是一位制鞋工人，兄弟俩毕业后不愿继承父业，离家外出寻找新的就业机会。后来他们选择了经营汽车餐厅。当时，美国的餐饮业都是一家一户小本经营的，很少有什么突破。麦氏家族上一代人中没有人经营过餐馆，更没有相关的经验背景。或许正因为如此，他们脑子里没有什么条条框框。这也许就是为什么他们可以在传统的餐饮服务业中敢于打破常规，进行开创性革命的原因之一。

1937年，在美国洛杉矶东部的巴沙地那，一间小小的汽车餐厅开张了。这是一间小得不能再小的餐厅，兄弟俩自己煎着热狗，调着牛奶，准备了十几把带有遮阳伞的椅子，还雇了三个年轻人，让他们到停车场招揽客人。当时美国汽车已经比较普及。开车路过的人会到汽车餐馆买个热狗，再要点饮料，急匆匆地吃一点儿就忙着赶路。汽车工业的发展也带动了相关的产业，如快餐业的生存和发展，麦氏兄弟俩的餐馆生意还不错。几年后他们又开了一间更大的汽车餐馆，这是一间与当地汽车餐馆在经营特色上有一些不同的餐馆。建筑形状呈八角形，前脸儿是一个落地的大窗，餐馆里没有桌子，只有几个凳子。这座造型十分奇特的建筑和开放式的厨房引起了人们的好奇。在开张后的几年，这里成了当地人，特别是年轻人最爱去的地方。

正是这间餐厅，使兄弟俩成为当地新贵。他们每人的年平均收入达到了5万美元，这足以使他们进入当地的上流社会了。不久，城里同样的汽车餐馆逐渐多起来了，而且，雇用服务员也很不容易。由于餐馆多，竞争激烈，那些服务员自认为奇货可居，要的报酬很高，而且很不听使唤。如果不是麦氏兄弟在汽车餐饮业里积累了一些经验，并且对餐饮业还很有感情，他们早就打退堂鼓了。

兄弟俩发现，自己的汽车餐厅在经营上有一个误区：那就是让人一听到汽车餐厅就会想到这是一种出售廉价食品的地方。另外，食品成本和劳动力成本都不断地上涨，生意实际上很难做下去。这时候，他们哥俩想进行一项其他经营者想都不敢想的改革。他们通过对几年来经营收入的分析研究，发现有60％的收入来自汉堡包，而不是排骨。尽管他们在排骨上做的广告比汉堡包多得多。于是，他们把汉堡包制作改为现场制作，并将肉馅一类的熟食加入汉堡包中。就是这么一个谁都没想到的改革，推动了世界快餐业的一场巨大的革命！

敢于打破常规的个性是一个人身上突破各种条条框框、找到创新之路的基点。许多人正是因为不具备这种个性，所以永远都是跟着别人走，而毫无自己的特色。常有人发出如此感慨："如果给我一个机会，我也能……"如果一个人把自己的命运系在一个未来的机遇上，那么他将一事无成。没有人会主动给你送来机遇，机遇也不会主动来到你的身边，只有你自己去主动争取。成大事者的能力之一是：有机遇，抓住机遇；没有机遇，创造机遇。

生活中并不缺少机遇，大多数人只是缺少发现机遇、抓住机遇的素质。如果有了较高的素质，即使生活中没有机遇，也能创造机遇。实际上，事实并非总如你所看到的那样，仔细观察，你会看到另外一种风景。

每个人都有未知的可能性

成功学大师卡耐基曾说:"多数人都拥有自己不了解的能力和机会,都有可能做到未曾梦想的事情。"生活中,许多人都以为自己能力有限,但是只要尽力而为,往往能做出骄人的成绩。其实,每个人身上都隐藏着无穷无尽的潜能,只要在恰当的时机引爆,他就能做到连自己都无法想象的事情。

小山真美子是生活在日本札幌的一位年轻妈妈,她身材矮小。一天,她在楼下晒衣服,忽然发现她4岁的儿子从8楼的家里掉了下来。见此情景,她飞奔过去,赶在孩子落地之前将孩子接在了怀里,两人仅受了一点轻伤。这条消息在《读卖新闻》发布后,引起了日本盛田俱乐部的一位法籍田径教练布雷默的兴趣。因为根据报纸上刊出的示意图，他算了一下，从20米外的地方接住从25.6米高处落下的物体，必须跑出约每秒9.65米的速度，而这是一个无人能及的短跑速度！

为此，布雷默专门找到小山真美子，问她那天是怎样跑得那么快的。"是对孩子的爱"，小山这样回答，"因为我不能看到他受到伤害！"

小山的回答给了布雷默一个重要的启示：人的潜力其实是没有极限的，只要你拥有一个足够强烈的动机。

布雷默回到法国后，专门成立了一家"小山田径俱乐部"，把小山的故事作为激励运动员突破自我极限的动力。结果他手下的一位名叫沃勒的运动员在世界田径锦标赛上获得了800米比赛的冠军。当记者问他是怎样在强手如林的比赛中夺冠时，沃勒回答说："是小山真美子的故事。因为当我在跑道上飞跑时，我就想象我就是小山真美子，在飞奔去救我的孩子！"

小山真美子能创造短跑奇迹，靠的是她刹那间迸发出来的巨大潜力。沃勒800米比赛夺魁，靠的是小山真美子救子事迹的激励，从而激发了体内的潜能。

人的潜力是无穷的，有了刺激，才会往前跑、向上跳。有了机会，才知道自己的实力有发挥的空间。

生活中，很多人总是在想，这不可能的，我学历那么低，怎么敢应聘那家公司；我长得不够漂亮，他怎么会喜欢我；我表达能力不好，怎么敢在会议上发言；我五音不全，怎么好意思在大家面前唱歌……事实上，你虽然没有别人英俊潇洒，但你可能身强体壮；你虽然不会琴棋书画，但你可能思维敏捷、逻辑清晰……上帝不会使人完美无缺，但他绝对不会亏待任何一个人，所以你一定要做自己的伯乐，发掘自己的潜能。

　　拿破仑·希尔曾经说过："抱着微小希望，只能产生微小的结果，这就是人生。"美好的人生始自你心里的想象，即你希望做什么事，成为什么人。在你心里的远方，应该稳定地放置一幅自己的画像，然后向前移动并与之吻合。如果你替自己画一幅失败的画像，那么，你必将远离胜利；相反，替自己画一幅获胜的画像，你与成功即可不期而遇。

　　生命蕴藏着巨大的潜能，这种潜能无法估量。对自己的生命拥有热爱之情，对自己的潜能抱着肯定的想法，这样，生命就会爆发出前所未有的能量，创造令人惊奇的成绩。

如果你曾歌颂黎明，也请你拥抱黑夜

西谚说："如果你曾歌颂黎明，那么也请你拥抱黑夜。"要想实现自己的梦想，就要有胆识、有胆量，要勇敢地面对挑战，做一个生活的攀登者。只有这样，才能攀上人生的顶峰，欣赏到无限的风景。

威尔玛·鲁道夫从小就"与众不同"，因为小儿麻痹症，不要说像其他孩子那样欢快地跳跃奔跑，就连正常走路都做不到。寸步难行的她非常悲观和忧郁，当医生教她做一点运动，说这可能对她恢复健康有益时，她表现得并不积极。随着年龄的增长，她的忧郁和自卑感越来越重，甚至拒绝所有人的靠近。但也有例外，邻居家那个只有一只胳膊的老人成了她的好伙伴。老人是在一场战争中失去一只胳膊的，但老人非常乐观，她非常喜欢听老人讲故事。这天，她被老人用轮椅推着去附近的一所幼儿园，操场上孩子们动听的歌声吸引了他们。当一首歌唱完，老人说道："我们为他们鼓掌吧！"她吃惊地看着老人，问道："你只有一只胳膊，怎么鼓掌啊？"老人对她笑了笑，解开衬衣扣子，露出胸膛，用手掌拍起了胸膛……那是一个初春，风中还有几分寒意，但她却突然感觉自己的身体里涌动起一股暖流。老人对她笑了笑，说："只要努力，一个巴掌一样可以拍响。你一样能站起来的！"那天晚上，她让父亲写了一张字条，贴到了墙上，上面是这样的一行字："一个巴掌也能拍响。"从那之后，她开始配合医生做运动。无论多么艰难和痛苦，她都咬牙坚持着。有一点进步了，她又忍受着更大的痛苦，以求更大的进步。她甚至在父母不在时，自己扔开拐杖，试着走路。复健的痛苦是牵扯到筋骨的。她坚持着，相信自己能够像其他孩子一样行走、奔跑。她要行走，她要奔跑……11岁时，她终于扔掉拐杖，她又向另一个更高的目标努力着，她开始锻炼打篮球和参加田径运动。1960年罗马奥运会女子100米跑决赛，当她以11秒18第一个撞线后，掌声雷动，人们都站起来为她喝彩，齐声欢呼着这个美国黑人的名字：威尔玛·鲁道夫。那一届奥运会上，威尔玛·鲁道夫成为

当时世界上跑得最快的女性运动员，她共摘取了3枚
金牌，也是第一个黑人奥运女子百米冠军。

生活中，我们能够听到这样的话："立即干""做得最
好""尽你全力""不退缩"，"我们能产生什么"，"总有办法"，
"问题不在于假设，而在于它究竟怎样""没做并不意味着不能
做""让我们干""现在就行动"。这些都是攀登者热爱的语言。
他们是真正的行动者，他们总是要求立即行动，追求行动的结
果，他们的语言恰恰反映了他们追求的方向。真正的强者善于
从顺境中找到阴影，从逆境中找到光亮，时时校准自己前进的
目标，人生的冷遇也可能成为你幸运的起点。

第四章

没有绝境只有绝望

人生有圆缺，有阴晴，这是没有办法去选择的。但是我们可以选择看待人生的角度。

与其在痛苦中浪费时间，不如重新找目标

令人后悔的事情，在生活中经常出现。许多事情做了后悔，不做也后悔；许多人遇到要后悔，错过了更后悔；许多话说出来后悔，不说出来也后悔……人的遗憾与后悔情绪仿佛是与生俱来的，正像苦难伴随生命的始终一样，遗憾与悔恨也与生命同在。

人生一世，花开一季，谁都想让此生了无遗憾，谁都想让自己所做的每一件事都永远正确，从而达到自己预期的目的。可这只能是一种美好的幻想，人不可能不做错事，不可能不走弯路。做了错事，走了弯路之后，有后悔情绪是很正常的，这是一种自我反省，是自我解剖的前奏曲，正因为有了这种"积极的后悔"，我们才会在以后的人生之路上走得

更好、更稳。但是，如果纠缠住后悔不放，或羞愧万分，一蹶不振；或自惭形秽，自暴自弃，那么就是不明智的做法了。

据说，一位很有名气的心理学老师，一天给学生上课时拿出一只十分精美的咖啡杯，当学生们正在赞美这只杯子的独特造型时，教师故意装出失手的样子，咖啡杯掉在水泥地上摔成了碎片，这时学生中不断发出了惋惜声。老师说："可是这种惋惜也无法使咖啡杯再恢复原形。在你们今后的生活中，如果发生了无可挽回的事时，请记住这个破碎的咖啡杯。"

破碎的咖啡杯使我们懂得了：过去的已经过去，不要为打翻的牛奶而哭泣！生活不可能重复过去的岁月，光阴如箭，来不及后悔。从过去的错误中吸取教训，在以后的生活中不要重蹈覆辙，要知道"往者不可谏，来者犹可追"。泰戈尔在《飞鸟集》中写道："只管走过去，不要逗留着去采了花朵来保存，因为一路上，花朵会继续开放的。"

曾经有这样一个故事：古时候，一个少年背负着一个砂锅前行，不小心绳子断了，砂锅也掉到地上碎了，可是少年却头也不回地继续前行。路人喊住少年问："你不知道你的砂锅碎了吗？"少年回答："知道。"路人又问："那为什么不回头看看？"少年说："已经碎了，回头何益？"说罢便继续赶路。

听完这个故事，不知道你有没有一点感悟。这个少年是对的，既然砂锅已经碎了，回头看又有什么用呢？这正如人生中的许多失败一样，已经无法挽回，再去惋惜悔恨也于事无补。与其在痛苦中挣扎浪费时间，还不如重新找到一个目标，再一次奋发努力。

回归内在的真实，才是真正的富足

　　浮世中许多人为追求舒适的物质享受、较高的社会地位、显赫的名声等，使自己庸碌而烦乱，被欲望所束缚。用心于此，人就会像被鞭子抽打的陀螺，忙碌起来——或拼命打工，或投机钻营，应酬、奔波……你会发现自己很难再有轻松在家读书的时间，也很难再有与三五朋友坐在一起侃大山的闲暇，你会忙得忽略了自己孩子的生日，你会忙得没有时间陪父母叙叙家常……这些让我们失去了简单的快乐，在复杂的社会中失去了自我。

　　一位得知自己不久于人世的老先生，在日记簿上记下了这段文字：

"如果我可以从头活一次，我要尝试更多的错误，我不会再事事追求完美。我情愿多休息，随遇而安，处世糊涂一点，不对将要发生的事处心积虑地计算。可以的话，我会多旅行，跋山涉水，更危险的地方也不妨去一去。过去的日子，我实在活得太小心，每一分每一秒都不容有失，太过清醒明白，太过清醒合理。如果一切可以重新开始，我会什么也不准备就上街，甚至连纸巾也不带一张。如果可以重来，我会赤足走在户外，甚至整夜不眠。还有，我会去游乐园多玩几圈木马，去海边多看几次日出，和公园里的小朋友玩耍……只要人生可以从头开始，但我知道，不可能了。"

他是个地地道道、彻头彻尾的商人，活在尔虞我诈的商场，他曾经倾尽全力、亲力亲为，却弄得自己心力交瘁。为此，他总是能找到借口自我安慰："商场如战场，我身不由己，我身不由己呀！"直到临终老先生才彻底醒悟，生活不需要很多钱，简单生活，让自己快乐才是最珍贵的。简单生活并不等于物质的匮乏，但一定是精神的自在；简单生活也不是无所事事，却是心灵的单纯。回归内在的真实，才是真正的富足。

简单生活并不是要你放弃追求，放弃劳作，而是说要抓住生活、工作中的本质及重心，抛却世俗浮华的琐事。简单生活不是自甘贫贱，你可以开一部昂贵的车子，但仍然可以使生活简化。一个基本的概念在于你想要改进你的生活品质。关键是诚实地面对自己，想想生命中对自己真正重要的是什么。

　　泰勒是纽约郊区的一位神父。

　　那天，教区医院里一位病人生命垂危，他被请过去主持临终前的忏悔。

　　他到医院后听到了这样一段话："我喜欢唱歌，音乐是我的生命，我的愿望是唱遍美国。作为一名黑人，我实现了这个愿望，我没有什么要忏悔的。现在我只想说，感谢您，您让我愉快地度过了一生，并让我用歌声养活了我的6个孩子。现在我的生命就要结束了，但死而无憾。仁慈的神父，现在我只想请您转告我的孩子，让他们做自己喜欢做的事吧，他们的父亲会为他们骄傲。"

　　一个流浪歌手在临终时能说出这样的话，让泰勒神父感到非常吃惊，因为这名黑人歌手的所有家当，就是一把吉他。他的工作是流浪到各处，把头上的帽子放在地上，开始唱歌。他虽然不是一个腰缠万贯的富豪，可他从不缺少快乐。他过着简单的生活，有着一颗容易满足的心。

　　泰勒神父在后来的一次演讲中讲到了这件事，他总结道："原来最有意义的活法很简单，就是做自己喜欢做的事，培养一颗容易满足的心灵。"

其实简单是一种生活艺术与哲学。简单生活首先是外部生活环境的简单化。当你不需要为外在的生活花费更多的时间和精力的时候，也就为内在的生活提供了更大的空间与平静。之后是内在生活的调整和简单化，这时的你可以更加深层地认识自我。

我们现在所追求的简单，指的是有快乐意义的生活，真诚、和谐、悠闲且幸福。一个清洁工和一个公司总裁同样可以选择过简单的生活；一个隐居者和一个百万富翁同样可以简化生活，充分享受人生的乐趣；一个8岁的孩子和一位耄耋老人如果认同简单的做法，也同样可以拥有快乐。

一切阻碍都是线索与路径

　　亨利的父亲过世了，他还有一个2岁大的妹妹，母亲为了这个家整日操劳，但是赚的钱还是难以让这个家的每个人都填饱肚子。看着母亲日渐憔悴的样子，亨利决定帮妈妈赚钱养家，因为他已经长大了，应该为这个家贡献一份自己的力量了。一天，他帮助一位先生找到了丢失的笔记本，那位先生为了答谢他，给了他1美元。亨利用这1美元买了3把鞋刷和1盒鞋油，还自己动手做了个木头箱子。带着这些工具，他来到街上，每当他看见路人的皮鞋上全是灰尘的时候，就对那位先生或女士说："先生（女士），我想您的鞋需要擦油了，让我来为您效劳吧？"他对所有的人都是那样有礼貌，语气是那么真诚，以至于每一个听他说话的人都愿意让这样一个懂礼貌的孩子为自己的鞋擦油。他们实在不愿意让这样一个可怜的孩子感到失望，他们知道这个孩子肯定是一个懂事的孩子，面对这么懂事的孩子，怎么忍心拒绝他呢！就这样，第一天他就带回了50美分，他用这些钱买了一些食品。他知道，从此以后家里的每一个人都不需要再挨饿了，母亲也不用像以前那样操劳了，这是他能办到的。当母亲看到他背着擦鞋箱，带回来食品的时候，流下了欣慰的泪水。"你真的长大了，亨利。我不能赚足够多的钱让你们过得更好，但是我现在相信我们将来可以过得更好。"妈妈说。就这样，亨利白天工作，晚上去学校上课。他赚的钱不仅为自己交了学费，还足够维持母亲和小妹妹的生活了。

其实，生活中有许多人与亨利一样，生长在不幸的环境中，但是有很多人却被环境的困难和阻碍击倒了。然而，有许多人，因为一生中没有同"阻碍"搏斗的机会，又没有充分的"困难"足以刺激起其内在的潜力，于是默默无闻，真是可惜。阻碍不是我们的仇敌，而是恩人，它能锻炼我们"战胜阻碍"的种种能力。森林中的大树，如果不曾同狂风暴雨搏斗过千百回，树干就不能长得十分结实。同样，如果一个人不遭遇种种阻碍，他的人格和本领是不会得到磨炼的，所以一切的磨难、忧苦与悲哀，都是足以锻炼我们的。一个大无畏的人，愈为环境所困，反而愈加奋勇，不怯懦，不逡巡，胸膛直挺，意志坚定，敢于应对任何困难，轻视任何厄运，嘲笑任何阻碍。因为忧患和困苦，不会损他分毫，反可以增强他的意志与力量，而使他成为人上之人——这才是世间最可敬佩、最可羡慕的一种精神。困难和阻碍无法阻挡这种人成为强者！

人生随时可以开始

　　一个部落的首领去世了，他的儿子继承了酋长的位子，承担起了领导部落的任务。但是，由于他花天酒地，游手好闲，部落的势力很快衰退下来，在一次与仇家的战役中，他被仇家所在的部落擒获。仇家的首领决定第二天将他斩首，但是可以给他一天的时间自由活动，而活动的范围只能在一片指定的草原上。当他被放逐在茫茫的大草原上时，他感觉这个时候自己已经完全被整个世界抛弃了。他回忆起曾经锦衣玉食的日子，想起了自己部落辛苦劳作的牧民，还有那些英勇的武士，他追悔莫及。他想，如果能让我重来一次，上天再给我一次机会，绝对不会是这样一个结果。于是，他想在自己生命的最后24个小时做一些事情，来弥补自己曾经的过失。他慢慢地行走在草原上，看见很多贫苦而又可怜的牧民在烤火，他把自己头顶上的珍珠摘下来送给他们；看见有一只山羊跑得太远，迷失了方向，他把它追了回来；看见有孩子摔到了，他主动把他扶了起来；最后，他还把自己一件珍贵的大衣送给了看守他的士兵……他终于做了一些自己以前从没做过的事情，他觉得自己内心还是善良的，可以满意地结束自己的生命了。

　　第二天，行刑的时候到了，他轻松地步入刑场，合上双眼，等待刽子手结束自己的生命。可是等了很久，刽子手的刀都没有落下，他觉得很奇怪。当他慢慢把眼睛睁开的时候，才看见那个仇家首领捧着一碗酒微笑着站在他面前。那个首领说："兄弟，昨天你的所作所为让我感动，也让我重新认识了你，我们两个部落的牧民本来可以和睦愉快地相处，却因为一些私利互相仇视，彼此杀戮，谁都没有过上太平的日子。今天，我要敬你一杯酒，咱们冰释前嫌，以后我们就是兄弟，如何？"之后，他回到了部落，再也没有过纸醉金迷的生活，而是勤政爱民，发誓要做一个优秀的部族首领。从此以后，这两个部落的牧民再也没有发生过战争，融洽和平地生活在草原上。

人生可以随时开始，即使只剩下24小时。一个人只要还能思考，还有梦想，就一定可以重新开始自己的人生。可为什么有时我们明明知道自己已经错了，还是要继续错下去，或是已深陷痛苦之中，却仍然不愿逃离呢？如果明知这条路不适合自己，再走下去的结果也只是枉然，何不立即舍弃重新开始呢？日本作家中岛薰曾说："认为自己做不到，只是一种错觉。我们开始做某事前，往往考虑能否做到，接着就开始怀疑自己，这是十分错误的想法。"人生随时都可以重新开始，没有年龄限制，更没有性别之分，只要我们有决心和信心，梦想即使到了70岁也能实现。

有一部电影，讲的是一个年轻人因为自己爱慕已久的女人要嫁给一个富商，十分痛苦，因此自暴自弃，破罐破摔，每天喝得烂醉如泥，到处惹是生非。镇上的人见了他纷纷避让，生怕招惹祸端。一位在镇上颇有威望的老者见到他这副模样，呵斥他道："有本事你就把她追回来。"

"可是，她已经要嫁给别人了。"年轻人哀怨地说。

"如果你有本事，你就有机会，你还有时间，你需要的是振作！"老者义正词严地说。

"可我一无所有，怕是没什么指望了。"年轻人哀怨着。

"你还有今天，你还有明天，你还有一身的力气。"老者说道。

在老人的教诲之下，年轻人终于鼓起勇气，离开了小镇，远走他乡……三年后，年轻人回到镇上，找到了那位教诲他的老人。老人告诉他，那个女人已经嫁给了富翁。年轻人笑了笑，说："一切都已经过去了，你教给我的不是怎么娶一个女人，而是教会我做人的道理，这才是最重要的。"

昨天的成功也好，失败也好，今天都可以重新开始，重新开启自己的人生。昨天失败了，不要紧，忘了它，总结失败的教训，继续新的努力。即便昨天是成功的，今天依旧要重新开始，在成功的基础上继续努力，争取更辉煌的进步。

人生就是不断重新开始的过程，随时都可以有新的开始、新的希望、新的天空。

拥有对生命的热爱，苦难奈何不了你

　　比尔·撒丁是挪威小有名气的音乐家，他的代表作是《挺起你的胸膛》。多年前，比尔·撒丁一人来到法国，准备报考著名的巴黎音乐学院。考试的时候，他竭力将自己的水平发挥到最佳状态，但主考官还是没看中他。身无分文的比尔·撒丁来到学院外不远处一条繁华的街上，勒紧裤带在一棵榕树下拉起了手中的琴。他拉了一曲又一曲，吸引了无数人的驻足聆听，围观的人们纷纷掏钱放入琴盒。一个无赖鄙夷地将钱扔在他的脚下，他看了看无赖，最终弯下腰拾起地上的钱递给无赖说："先生，你的钱丢在了地上。"无赖接过钱，重新扔在他的脚下，再次傲慢地说："这钱已经是你的了，你应该收下！"比尔·撒丁再次看了看无赖，深深地对他鞠了个躬说："先生，谢谢你的资助！刚才你掉了钱，我弯腰为你捡起。现在我的钱掉在了地上，麻烦你也为我捡起！"无赖被他出乎意料的举动震撼了，最终捡起地上的钱放入他的琴盒，然后灰溜溜地走了。围观的人群中有一双眼睛一直默默关注着比尔·撒丁，他就是那位主考官。最终，他将比尔·撒丁带回学院，录取了他。

西方哲人安东尼·罗宾指出："人生乃是长期在考验我们的毅力，唯有那些能够坚持不懈的人，才能得到最大的奖赏。毅力到此地步可以移山，也可以填海，更可以从芸芸众生中筛选出成功的人。"当我们陷入生活低谷的时候，往往会招致许多无端的蔑视。只要我们理智地应对，以一种平和的心态去维护我们的尊严，就会发现，任何邪恶在正义面前都无法站稳脚跟，而有尊严的人终会走出人生的低谷。

1917年10月的一天，在美国堪萨斯州洛拉镇，一家小农舍的炉灶突然发生爆炸。当时，屋里有一个8岁的小男孩，很不幸的是，他没有逃过这次劫难，孩子的身体被严重灼伤。虽然父母迅速将孩子送进医院，伤势得到了及时的控制，但医生仍然表示无能为力，他无奈地告诉孩子的父母："孩子的双腿伤势太严重，恐怕以后再也无法走路了。"医生的话犹如晴天霹雳，父母伤心欲绝，他们不敢面对这个事实，也不敢将这个坏消息告诉儿子，但是，能隐瞒多久呢？随着双腿渐渐失去知觉，小男孩终于知道了自己将要面对的悲惨现实。生活就是这么残酷！在成长的某个阶段，也许命运会对我们不公，会让我们陷入许多难以预料的困境。面对如此的不幸，男孩没有哭，也没有就此消沉，他暗暗下定决心：一定要再站起来。男孩在病床上躺了好几个月，终于可以下床了。他拒绝坐轮椅，坚持要自己走。但是，他连站起来的力气都没有，怎么可能走路呢？男孩试了一次又一次，都没有成功。看着男孩倔强的样子，医生劝他："还是坐在轮椅上吧！以你现在的身体状况，是绝对不可能站起来的。"听到这话，母亲忍不住大声痛哭起来。男孩颓然地倒在床上，他一动不动地盯着天花板，没有任何表情，谁也不知道他在想什么。在以后的日子里，父母看见儿子终日试图伸直双腿，不管在床上，还是在轮椅上，累了就歇一会儿，然后接着练。就这样足足坚持了两年多，男孩终于可以伸直右腿了。这下，家人对他都有了信心，只要有机会，大家都会帮着男孩练习。一段时间后，男孩竟然可以下地了，但他只能一瘸一拐地走路，很难保持平衡，走几步就会摔倒。虽然拉伸肌肉让男孩疼得说不出话来，但几个月过去了，他终于能正常走路了。这是生命的奇迹，也是信心的奇迹，更是钢铁般意志所创造的奇迹。精神的力量到底有多大，谁也说不清楚，但有一点可以肯定，那就是：精诚所至，金石为开。男孩想起医生说过自己再也不可能走路的话，但自己能走路了，他的脸上不由得露出笑容。这个阶段性的胜利促使他做出一个更大胆的决定：从明天开始，每天跟着农场上的小朋友跑步，直到追上他们为止。经过努力地锻炼，男孩腿上的肌肉终于再次变得健康起来，多年之后，他的腿和从前一样强壮，仿佛从来没有发生过那次意外。男孩进入大学后，参加了学校的田径赛，他的项目是一英里赛跑，因为他立志成为一名长跑选手。从此以后，男孩的一生都和长跑运动紧密相连。这个被医生判定永远不能再走路的男孩，就是美国著名长跑选手之一——格连·康宁罕。

　　每个人都会遇到生命的低谷，这是人生用来考验我们的一份含金量最高的试卷，只有经历过磨砺的人生，才会光芒四射，因为，命运在赐予我们各种打击的同时，往往也把一把开启成功之门的钥匙放到了我们的手中。遭遇厄运是不幸的，但是如果我们选择逃避，那么它就会像恶犬一样一直追逐着我们；如果我们直起身子，挥舞着拳头向它大声吆喝，它就只有夹着尾巴灰溜溜地逃走。只要你拥有对生命的热爱，苦难就永远奈何不了你。

进退之间，并没有本质的区别

　　生活中，很多再平常不过的事情其实都蕴含禅理，只是疲于奔波的我们早已丧失了于细微处一探究竟的兴趣和能力。如佛家所言，其实今天的我们已经不再是昨天的我们，为了在今天取得进步、重建自我，就必须放下昨天的自己；为了迎接新兴的，就必须放下旧有的。想要喝到芳香醇郁的美酒就得放下手中的咖啡，想要领略大自然的秀美风光就要离开喧嚣热闹的都市，想要获得如阳光般明媚的心情就要驱散昨日烦恼留下的阴霾。

　　放得下是为了包容与进步，放下对个人意见的执着才能包容，放下对今日旧念的执着才会进步。表面看来，放下似乎意味着失去、意味着后退，其实在很多情况下，退步本身就是在前进，是一种以退为进的策略。

　　一位学僧斋饭之余无事可做，便在禅院里的石桌上作起画来。画中龙争虎斗，好不威风，只见龙在云端盘旋将下，虎踞山头作势欲扑。但学僧描来抹去几番修改，却仍是气势有余而动感不足。正好无德禅师从外面回来，见到学僧执笔前思后想，还是举棋不定，几个弟子围在旁边指指点点，于是就走上前去观看。学僧看到无德禅师前来，于是就请禅师点评。禅师看后说道："龙和虎外形不错，但其秉性表现不足。要知道，龙在攻击之前，头必向后退缩；虎要上前扑时，头必向下压低。龙头向后曲度越大，就能冲得越快；虎头离地面越近，就能跳得越高。"学僧听后，非常佩服禅师的见解，于是说道："师父真是慧眼独具，我把龙头画得太靠前，虎头也抬得太高，怪不得总觉得动态不足。"无德禅师借机开示："为人处世，亦如同参禅的道理。退却一步，才能冲得更远；谦卑反省，才会爬得更高。"另外一位学僧有些不解，问道："师父，退步的人怎么可能向前？谦卑的人怎么可能爬得更高？"无德禅师严肃地对他说："你们且听我的诗偈：手把青秧插满田，低头便见水中天；身心清净方为道，退步原来是向前。你们听懂了吗？"学僧们听后，点点头，似有所悟。

无德禅师此刻在弟子们心中插满了青秧，不知弟子们看见了秧田的水中天否？进是向前，退亦是向前，何处不是向前？无德禅师以插秧为喻，向弟子们揭示了进退之间并没有本质的区别。做人如水，能屈能伸，既能在万丈崖壁上挥毫泼墨，好似银河落九天；又能在幽静山林中蜿蜒流淌，自在清泉石上流。

佛陀在世时，受到世人敬仰与称赞。有一个人对此颇为不服，终日咒骂，有一天索性跑到了佛陀面前，当着他的面破口大骂。但是，无论他的言语多么不堪入耳，佛陀始终沉默相对，甚至面带微笑。终于，这个人骂累了。他既暴躁又不解，不知道佛陀为何不开口说话。佛陀似乎看到了他心中的困惑，对他说："假如有人想送给你一件礼物，而你不喜欢，也并不想接受，那么这件礼物现在是属于谁的呢？"这个人不明白佛陀的意思，略加思量，回答道："当然还是送礼物这个人的了。"佛陀笑着点头，继续问他："刚才你一直在用恶毒的语言咒骂我，假如我不接受你的这些赠言，那么，这些话是属于谁的呢？"他一时语塞，方才醒悟到自己的错误，于是他低下头，诚恳地向佛陀道歉，并为自己的无礼而忏悔。

"退一步海阔天空"并非一句空话，佛陀并未因为他人对自己的无礼而气愤，反而沉默相对，似乎在步步后退，当这个人心生困惑时甚至耐心地予以开示。他人步步紧逼，而佛陀却始终淡然处之。有退有进，以退为进，绕指柔化百炼钢，也是人生的大境界。

学习大地的精神

老子说，"重为轻根，静为躁君，是以君子终日行不离辎重，虽有荣观，燕处超然。奈何万乘之主，而以身轻天下，轻则失根，躁则失君。"这句话的意思是，厚重是轻率的根本，静定是躁动的主宰。因此君子终日行走，不离开满载行李的车辆，虽然有美食胜景吸引着他，却能安然处之，因其有备无患，所以行走自如，泰然自若。为什么大国的君主却还要以轻率躁动治天下呢？须知轻率就会失去根本，急躁就会丧失主宰。

"重为轻根"的"重"字，可以作为厚重沉静的意义来解释，重是轻的根源，静是躁的主宰。"圣人终日行而不离辎重"，并非简单指旅途之中一定要有所承重，而是要学习大地负重载物的精神。大地负载，生生不已，终日运行不息而毫无怨言，也不向万物索取任何代价。生而为人，应效法大地，拥有为众生挑负起一切苦难的心愿，不可一日失去负重致远的责任心。

有人说，世界上只有两种动物能到达金字塔顶。一种是鹰，还有一种就是蜗牛。鹰矫健、敏捷、锐利；蜗牛弱小、迟钝、笨拙。鹰残忍、凶狠，杀害同类从不迟疑；蜗牛善良、厚道，从不伤害任何生命。鹰有一对飞翔的翅膀，蜗牛背着一个厚重的壳。与鹰不同，蜗牛到达金字塔顶，主观上是靠它永不停息的执着精神，客观上则应归功于它厚厚的壳。蜗牛的壳非常坚硬，它是蜗牛的保护器官。据说，有一次，一个人看见蜗牛顶着厚重的壳艰难爬行，就好心地替它把壳去掉，让它轻装上阵，结果，蜗牛很快就死了。正是这看上去又粗又笨、有些负重的壳，让小小的蜗牛得以万里长征，到达金字塔顶。有时，有所背负，反而能够走得更长久。

志在圣贤的人们，不是鹰反而是那蜗牛，始终戒慎畏惧，有所承载，内心随时随地存在着济世救人的责任感，而沉重的责任感正是他不躁进、不畏惧的保护壳，可以游刃有余地做到功在天下、万民载德，继而得到荣光无限的美誉。

道家老子的哲学，便看透了"重为轻根，静为躁君"和

"祸者福之所倚，福者祸之所伏"这种自然正反博弈演变的法则，所以才提出"虽有荣观，燕处超然"的告诫。

虽然处在"荣观"之中，仍然恬淡虚无，不改本来的素朴；虽然燕然安处在荣华富贵之中，依然超然物外，不以功名富贵而累其心。唯大英雄能本色，是真名士自风流。因为大英雄是最本色的，行为上往往不是出人意表，而是再自然不过，就好像一个绝顶聪明的人外表非常笨拙一样。保持平凡质朴，还原真实本色，才是真正的大人物。

有两个空布袋想站起来，便一同去请教上帝。上帝对它们说，要想站起来，有两种方法，一种是得自己肚里有东西；另一种是让别人看上你，一手把你提起来。于是，一个空布袋选择了第一种方法，高高兴兴地往袋里装东西，等袋里的东西快装满时，袋子稳稳当当地站了起来。另一个空布袋想，往袋里装东西多辛苦，还不如等人把自己提起来，于是它舒舒服服地躺了下来，等着有人看上它。它等啊等啊，终于有一个人在它身边停了下来。那人弯了一下腰，用手把空布袋提起来。空布袋兴奋极了，心想：我终于可以轻轻松松地站起来了。然而那人见布袋里什么东西也没有，便顺手把它扔了。

所谓"轻则失根"，是指人们不能自知修身涵养的重要，犯了不知自重的错误，不择手段，只图眼前攫取功利，不但轻易失去了天下，同时也戕杀了自己，触犯了"轻则失根，躁则失君"的大忌。

人的生命价值，在于其身存于尘世，能够志在天下，建丰功伟业，正是因为这样的人身有所存。有了能够施展作为的身体的存在，人就更应该戒慎恐惧，不可飘飘忽忽，自以为然，如此才可燕然自处而游心于物欲以外。

普通人虽然不求谋天下大众之利、立大功大业，但仍需要淡看自己的能耐，不要迷于绚烂，不要过分执着，平淡才是真英雄，古今中外，天下最成功的人就是老实人。

每天都是一个崭新的起点

　　有一天，如来佛祖把弟子们叫到法堂前，问道："你们说说，你们天天托钵乞食，究竟是为了什么？""世尊，这是为了滋养身体，保全生命啊。"弟子们几乎不假思索。"那么，肉体生命到底能维持多久？"佛祖接着问。"有情众生的寿命平均起来大约有几十年吧。"一个弟子迫不及待地回答。"你并没有明白生命的真相到底是什么。"佛祖听后摇了摇头。另外一个弟子想了想又说："人的生命在春夏秋冬之间，春夏萌发，秋冬凋零。"佛祖还是笑着摇了摇头："你觉察到了生命的短暂，但只是看到生命的表象而已。""世尊，我想起来了，人的生命在于饮食间，所以才要托钵乞食呀!"又一个弟子一脸欣喜地答道。"不对,不对。人活着不只是为了乞食呀!"佛祖又加以否定。弟子们面面相觑,一脸茫然,又都在思索另外的答案。这时一个烧火的小弟子怯生生地说道:"依我看,人的生命恐怕是在一呼一吸之间吧!"佛祖听后连连点头微笑:"对了!对了!人的生命在于呼吸间。你体会到了生命的真谛,这一呼一吸就是人的生命。所以你们要只争朝夕地修道,不可放松啊!"

这则故事中各位弟子的不同回答反映了不同的人性侧面。人常常希望生命能够长久,才会有那么多的帝王将相苦练长生之道,却无法改变生命是短暂的这一事实。人是有贪欲的又是有惰性的,才会有那么多的"鸟为食亡"的悲剧发生,而人又是争上游的,所以才会有那么多的"只争朝夕",从不松懈。

有一天,沼泽向在自己身边奔流而过的河流问道:"你整天川流不息,一定累得要命吧?你一会儿背着沉重的大船,一会儿负着长长的水筏,在我眼前奔流而过。小船、小筏子更不用说了,它们多得没有穷尽。你什么时候才能抛弃这种无聊的生活呢?看我多么幸福,舒舒服服、悠悠闲闲地荡漾在柔和的泥岸之间,好比高贵的太太们窝在沙发的靠枕里一样。大船小船也罢,漂来的木头也罢,我这儿可没有这些无谓的纷扰，甚至小筏子有多重我都不知道，至多偶尔有几片落叶漂浮在我的胸膛上，那是微风把它们送来和我一起休息的。一切风暴有树林挡住，一切烦恼我也沾染不上，我的命运是再好不过的了。尘世间的万物忙忙碌碌，我却躺在哲学的梦里养神休息。""哲学家，你既然懂得道理，可别忘了这条法则"，河流回答，"水只有流动才能保持新鲜，我成了伟大壮阔的河流就是因为我不躺在那儿做梦，而是按照这个法则川流不息地流动。结果呢，我源源不绝的水年复一年地给人们带来幸福，我还要世世代代、川流不息地流动下去。而你的名字就不会有人知道了。"多年以后，河流的话果然应验了，壮丽的河仍旧川流不息，沼泽却一年浅似一年。沼泽的表面浮着一层黏液，芦苇生出来了，而且生长得很快，沼泽终于干涸了。

奔腾不息的流水才能够永葆生命的新鲜与活力。同样，人也只有在不断进取的状态下才能够永葆生命的活力。既然生命不息，那就应该不断进取、超越自我。对于积极进取的人来说，每天都是一个崭新的起点。

生活原本无须如此沉重

　　一个从小家境贫寒的年轻人，为了分担父母养家糊口的重担，很小的时候就独自一人到大城市去闯荡。多年之后，这个年轻人凭借自己的聪明睿智和勤奋踏实，终于创办了一家咨询管理公司。而他也早已摆脱昔日的囊中羞涩，过着富足的中产阶级生活。他把他的父母接来住，老人家却不习惯大都市的生活，还是执意要回老家。既然这样，年轻人也已经多年没有回过老家了，正好趁这次陪同父母返乡的机会，也可以回去向亲戚朋友炫耀一下，尤其是对当年很看不起他们的那些人，也算是衣锦还乡。回到家后，亲戚朋友都来看望他们，大家对于年轻人今日的成绩都感到艳美不已。而此刻的年轻人趾高气扬，对仍然贫穷的亲戚不屑一顾，言谈举止中，无不充满了对他人的讽刺、嘲笑和挖苦之意。看到亲戚们怅然若失离去的背影，他的父亲无比气愤，他责骂年轻人："过去的事情就让它过去了，何必要旧事重提呢？他们过去对我们的白眼也好、欺负也好，都已经过去了。你如果始终不能忘记过去产生的怨恨，它们会成为你永远的心灵包袱，会让你的内心总是处于失衡的状态。"父亲的一席话，让年轻人陷入了沉思之中。

怨恨、指责和嘲讽这些对待他人的态度，也会让自己的心变得冰冷。其实，生活原本无须如此沉重。将无用之物抛却，让自己生命的航船轻松驶向幸福的港湾。

出生于美国的普拉格曼连高中也没有读完，却成了一位非常著名的小说家。在他的长篇小说授奖典礼上，有位记者问道："你事业成功最关键的转折点是什么？"大家猜测，他可能会回答是童年时母亲的教育，或者是少年时某个老师特别的栽培。然而出人意料的是，普拉格曼却说，是二战期间在海军服役的那段生活："1944年8月的一天午夜，我受了伤。舰长下令由一位海军下士驾一艘小船趁着夜色送身负重伤的我上岸治疗。很不幸，小船在那不勒斯海迷失了方向。那位掌舵的下士惊慌失措，想拔枪自杀。我劝告他说：

'你别开枪。虽然我们在危机四伏的黑暗中漂荡了4个多小时，孤立无援，而且我还在淌血……不过，我们还是要有耐心……'说实在的，尽管我在不停地劝告着那位下士，可连我自己都没有一点信心。但还没等我把话说完，突然前方岸上射向敌机的高射炮的爆炸火光闪亮了起来，这时我们才发现，小船离码头不到3海里。"

　　这个戏剧性的事件使我们认识到，生活中有许多事被认为是不可更改的、不可逆转的、不可实现的，由此让我们背上沉重的包袱。其实大多数时候，这只是我们的错觉，正是这些"生命中的负担"把我们的生命"围"住了，成了我们前行的障碍。一个人应该永远对生活抱有信心，即使在最黑暗、最危险的时候，也要相信光明就在前方。

超越自己、超越自然的潜能

　　麦吉对于他遭遇的第一次意外已全无记忆，他只记得那是10月的一个晚上。当时他只有22岁，刚从著名的耶鲁大学毕业。他聪明英俊，人缘很好，在美式足球和戏剧表演上都表现突出，正是意气风发的年纪。那辆十几吨重的车从第五大道驶出来时，麦吉一点都没看见。他记得的最后一件事就是醒来时自己身在加护病房，左小腿已经截去。其后8年，麦吉全力以赴，他要把自己锻炼成全世界最优秀的独腿人。他康复期间饱受疼痛折磨，但从不抱怨。他终于熬了过来，并开始在舞台和电视上演出。失去左腿后不到一年，他开始练习跑步，不久便常去参加10公里赛跑。随后又参加组约马拉松赛和波士顿马拉松赛，成绩打破了伤残人士组的纪录，成为全世界跑得最快的独腿长跑运动员。

接着，他进军三项全能。那是一项极其艰难的运动：要一口气游泳385公里、骑脚踏车180公里，再跑42公里的马拉松。这对只有一条腿的麦吉来说，无疑是一个巨大的挑战。1993年6月的一个下午，麦吉在三项全能运动比赛中，骑着脚踏车以时速56公里疾驰，群众夹道欢呼。突然间，麦吉听到群众的尖叫声。他扭过头，只见一辆黑色小货车朝他直冲过来。按理说比赛场地周围马路大部分已被封锁，几个并未封锁的路口也有警察把守，没人知道是什么缘故让这辆小货车闯了进来。麦吉对于这次挨撞可记得一清二楚。他记得群众的尖叫；记得自己的身体飞越马路，一头撞在电灯柱上，颈椎"啪"地折断；他还记得自己被抬上救护车，随后便昏了过去。麦吉接受紧急脊椎手术后醒来时，发现自己躺在重伤病房，一动也不能动。他清楚记得周围的护士个个都流着眼泪，一再说："我们很难过。"麦吉四肢瘫痪了，那时他才30岁。麦吉的四肢都因颈椎折断而失去功能，但仍保存少量神经活动，使他能稍微动一动——手臂能抬起一点点，坐在轮椅上身子可以前倾，双手能做一些简单动作，双腿有时能抬起几厘米。麦吉知道四肢尚有感觉时，有点激动。因为这意味着他有了独立生活的可能，无须

24小时受人照顾。经过艰苦锻炼，自认为"很幸运"的麦吉渐渐进步到能自己洗澡、穿衣服、吃饭。医生对此都大感惊奇。在他住的那层楼里，全是最近才四肢或下身瘫痪的病人，他发现原来有那么多人和他命运相同。眼前的处境并不陌生，伤残、疼痛、失去活动能力、复健、耐心锻炼——所有这些他都经历过。于是，他过去顽强不屈、永不向命运低头的精神又回来了。他对自己说："你是过来人，知道该怎样做。你要拼命锻炼，不怕苦，不气馁，一定要离开这鬼地方。"其后几个月，麦吉再度变得斗志昂扬，复健速度之快，出乎所有人预料。脖子折断仅仅6个月，他便重返社会，开始独立生活。

又大约6个月之后，他在三项全能运动员大会上，以《坚韧不拔和人类精神力量》为题，发表了一篇激动人心的演说。然而，伤残病人迟早会遇上一道墙：复健中止，残酷的现实浮现。麦吉遇上了这道墙。当时他身体可复原的已复原了，不管怎样努力，有些事实始终无法改变：手臂永远不可能再抬到高过头顶，而且他永远不能再走路了。明白这一点之后，向来不屈不挠的麦吉也泄气了。一天凌晨，麦吉无法入眠，他转着轮椅来到一条寂静公路的中央。那是阿里道，他曾经在这条公路跑过马拉松。想起曾经在这里取得的成绩，他终于痛下决心："我才33岁，不想离开这个世界，"他想，"当然我也不想四肢瘫痪，但既然无法改变这事实，只好学会这样子好好活下去。"他不知道下一步该怎样做，但有一点很清楚：要是继续沉沦，一生就完蛋了。于是，他试着从另一角度看待自己的问题："也许我的遭遇并非坏事，而是上天给我的美妙恩赐，令我有机会真正了解自己。"从此，他彻底改变了。天气好的早晨，他会从床上下来，插上导管，冲个淋浴，穿上衣服，准备离开寓所。这一切，他不用三个小时就能完成。然后他到体育场去锻炼一两个小时，例如在水里步行、骑健身脚踏车。他也埋头撰写论文，主题是神话史上的伤残男性。后来，他来到加州圣芭芭拉市帕西非某研究所攻读神学博士学位。

人在极端状况下爆发的潜能有时连他们自己都难以相信。但不可否认，人的确有超越自己、超越自然的潜能。只要自己的希望不倒，不利的环境并不能阻碍一个人的发展。在逆境中、在得不到其他人支持的情况下实现自己的理想，也许会带来更大的成就感。

逆境也往上爬，把绊脚石当作垫脚石

人生之路，一帆风顺者少，曲折坎坷者多，成功是由无数次的挫折堆积而成的。但挫折和失败对人毕竟是一种"负性刺激"，总会使人不愉快、沮丧、自卑。因此，如何面对挫折、如何自我解脱就成了战胜脆弱、走向成功的关键。面对人生的逆境，要时刻牢记"逆境时还要往上爬，要把绊脚石当作垫脚石"！

一个屡屡失意的年轻人千里迢迢来到普济寺，慕名寻到老僧释圆，沮丧地说："像我这样屡屡失意的人，活着也是苟且，有什么用呢？"老僧释圆静静地听着这个年轻人的叹息和絮叨，什么也不说，只是吩

第五章
快乐活在此刻，尽心就是完美

　　世界上有三种人：第一种人只会回忆过去，在回忆的过程中体验感伤；第二种人只会空想未来，在空想的过程中不务正业；只有第三种人注重当下，脚踏实地，慢慢积累，一步一步踏踏实实地走向未来。

　　扼杀我们心智的最可怕的一句话就是"还有明天"。"还有明天"，这是一个可怕的思想，它让人不思进取，蹉跎岁月，浪费生命。它成了人做事拖延的借口，也是许多人一事无成、无所事事的原因。

宇宙每一瞬都在改变，而我们只有一瞬

　　佛家常劝世人要"活在当下"。何谓"活在当下"？看似深奥的道理实际上很简单：吃饭就是吃饭，睡觉就是睡觉，没有过去拖着你的脚步，亦没有未来拉扯你的目光，你的全部能量都集中在这一刻，集中在"现在"的人和物上面，生命因此生长出一种强烈的张力。然而，世俗之中又有多少人都无法专注于当下，无数个问号纠缠着他们：我在过去存在，还是不存在？过去我曾是谁？我曾怎么样？后来我又曾如何？我于未来将存在，还是不存在？未来我会是谁？我会怎么样？然后我又会成为什么，变得怎么样？背负着过去，忧虑着未来，却对眼前的一切视若无睹，便永远到不了心灵的净土。

宇宙每一瞬都在改变，而我们只有一瞬，只活在当下。生活从来不在别处，只在眼前明明白白的每一分、每一秒。

日本的亲鸾上人9岁时，就已立下出家的决心，他要求慈镇禅师为他剃度，慈镇禅师就问他："你还年少，为什么要出家呢？"亲鸾说："我虽年仅9岁，父母却已双亡，我不知道为什么人一定要死亡？为什么我一定非与父母分离不可？为了探究这层道理，我一定要出家。"慈镇禅师非常嘉许他的志愿，说道："好！我明白了。我愿意收你为徒，不过，今天太晚了，待明日一早，再为你剃度吧。"亲鸾听后，说道："师父！虽然你说明天一早为我剃度，但我终是年幼无知，不能保证自己出家的决心是否可以持续到明天。而且，师父，你年事已高，你也不能保证你明早起床时还活着。"慈镇禅师听了这话，拍手叫好，并满心欢喜地说道："你说的话完全没错！现在我马上就为你剃度吧！"

路就在脚下，现在不做，更待何时？来生的缘，可以是今生结下的；来生的果，可以是今生种下的。前世的债，今生正在还，还不清，来生还得继续；前世的缘，今生正在实现，好不容易盼到了，还不好好把握？过去的只是杂念，就让它在时间的沙河中淘尽；未来的只是妄想，请用淡然的心去等待。我们能够抓住的，只有此时此刻的心境，珍惜这份恬适，就是谨守自己当下的本分。

人只活在当下，没有你之前，地球已然存在，有了你之后，地球依然存在。茫茫尘世间，人不过就是一粒浮尘，来自偶然，也不知去向何处。今世做人，就做好人的本分，不必去追问前生，亦不必去幻想来世。

有个小和尚负责清扫寺院里的落叶。这是件苦差事，秋冬之际，每次起风，树叶总是随风飞舞。每天早上都需要花费许多时间才能清扫完树叶，这让小和尚头痛不已。他一直想找个好办法让自己轻松些。后来有个和尚跟他说："你在明天打扫之前先用力摇树，把落叶都摇下来，后天就可以不用扫落叶了。"小和尚觉得这是个好办法，于是隔天他起了个大早，使劲地摇树，以为这样就可以把今天跟明天的落叶一次扫干净了，他一整天都很开心。第二天，小和尚到院子里一看，不禁傻眼了，院子里如往日一样满地落叶。老和尚走了过来，对小和尚说："傻孩子，无论你今天怎么用力，明天的落叶还是会飘下来的。"小和尚终于明白了，世上有很多事是无法提前的，唯有认真地活在当下，才是最好的人生态度。

小和尚是勤奋而且虔诚的，但是人生经验的缺失使他执迷于过早地摆脱苦恼，甚至在今天就想化解掉明日的忧愁。人每一天都要面对崭新的生活，每一天都有每一天的人生功课，努力做好今天的功课吧！用平常的心对待每一天，认真地活在当下。

为君持酒劝斜阳，且向花间留晚照

一日，弘一法师来到禅堂，为众僧讲佛。10分钟后，弘一法师敲过木鱼，环视屋内众僧，只见一小沙弥额头冒汗，双手颤抖。弘一法师问其原因，小沙弥回道："方才听师父讲诵佛法，以为能课业圆满，没想到心思怎么也集中不到一点上，以至如此。"弘一法师微微一笑，双手合十道："诸生烦恼，不过是纠结过多。心在当下，又何来纷扰。"

上班下班，吃饭走路，或者挤公共汽车，有人闭目却思绪万千，有人微笑却面色憔悴。望浮云而忧人生岁月，看今朝而恼明日风雨。名缰利锁，奔忙劳累，一刻不得闲。这样的人，说来终归有些感时伤世。因为感时，故而牵挂太多，明天将会如何，以后还能怎样，现在的落脚之处是否会是自己终身的陋室；因为伤世而喜怒无常，试图寻求安宁的场所，眼见人来人往，空间被压缩，似乎连呼吸都显得如此困难。就像那个小沙弥一样，心思有碍，而不能彻悟。

在古人看来，这无疑是身心的"物役"，即为自己创造的事物所困，更为自己的精神世界所扰，想要寻得简单的生活，却终究不得。他们虽然工作着、生活着，却似一群被放逐的幽灵，生活在别处。执着于不可知的将来，于是雾非雾、花非花，朴质清新的一面也逐渐被世俗的尘埃所覆盖，不知道该往哪里去。自然万物无论怎么复杂，都是起于一物，最终落于一物。执着于当下，庸人自扰的无尽烦恼和因此而发的黯然神伤还会浮现于我们的心头吗？唯有观照现在，放眼当下，内心才不至看似充沛实则荒芜，才可以简单通达的心态面对错综复杂的人世。

一个女子得了重病，需要马上手术，当女子的丈夫在手术同意书上签字的时候，他的手都哆嗦了，因为他害怕手术会让他们阴阳永隔。手术很成功，女子听到了丈夫欣喜的叫喊声，可是她根本睁不开眼睛，因为全身麻醉的她，药劲还没有过。看着心爱的妻子苍白的面庞，丈夫极为心疼。等女子睁开眼睛，护士长对女子的丈夫说："如果排气了，就可以吃东西了。"可是她没有排气，气在她肚子里就是不出来，疼得女子汗流不止。女子后来告诉丈夫，当手术结束后，她想大哭一场，因为她又活了过来，她又可以和他吵架了。丈夫紧握妻子的双手说："吃饭就是吃饭，睡觉就是睡觉，不许乱想、不许生气、不许生病，我要和你好好的生活每一天。"女子投入丈夫的怀抱，她想把握住现在。

过去的，已经过去，未来的，还没发生。也许只有当人们遭遇不幸时，才会意识到当下时光的宝贵。就像故事中生活的起起伏伏总是很容易让我们回想过去，会让我们产生这样的叹息：为什么以前不那么做？为什么此刻才追悔莫及？慌乱和无措由此产生，继而对自己整个人生产生了怀疑。人的生命，一方面是吃食物，一方面是消化食物；人的意识亦为一方面获取，一方面付出，"获取"和"付出"是"明己"，是智慧人生的体现。每一天都达成所愿，又何来明天之烦忧？由此想来，宋祁的《玉楼春》或许更有某种意义的启发性。执着人生、惜时自贵，人生在世，不妨如此——"东城渐觉风光好，縠皱波纹迎客棹。绿杨烟外晓寒轻，红杏枝头春意闹。浮生长恨欢娱少，肯爱千金轻一笑。为君持酒劝斜阳，且向花间留晚照。"

踏实于现在，才能少一些叹息

时间的过去、现在和未来是互相交错、不可分割的，所以说过去就是未来，未来也就是过去，现在就是过去以及未来。但是我们很容易发现，在现实世界中，时间自然而然的流逝总让我们忽视了对生命的思索。不要被时间蒙骗，以为过去的已经过去，未来的一定会来，现在的永远不变。在时间的脉络中，我们唯一能够把握的就是现在，所以，不要牵挂过去，不要担心未来，便能与过去和未来同在。

艾森豪威尔是美国历史上一位受人尊敬的总统。在他年少的时候，曾经有一次和家里人一起玩纸牌游戏。几局下来，他抓的牌都不好，于是他很不高兴。他的母亲看到这种情形，就认真地告诉他，不管你手中的牌如何，都只能用现在手里的牌继续玩下去。之后，母亲又语重心长地告诉他人生的哲理，人生同玩牌一样，不管有什么样的人生际遇都要接受现状，然后再竭尽全力争取最好的结果。母亲的这些话对他产生了很大的触动。此后，艾森豪威尔再也没有对生活抱怨过，而是脚踏实地地做好当下的事情。即使身处逆境，他也不怨天尤人，而是以积极乐观的人生态度去把握当前的局面。他最终经历了人生的飞跃，从一个出身平民家庭的孩子，到中校、盟军统帅，最后成为美国的第34任总统。

有人请教大龙禅师："有形的东西一定会消失，世上有永恒不变的真理吗？"大龙禅师回答："山花开似锦，涧水湛如蓝。"如锦缎般盛开的鲜花，虽然转眼便会凋谢，但依然不停地奔放绽开，碧玉般的溪水，虽然映照着同样蔚蓝如洗的天空，却每时每秒都在发生变化。世界是美丽的，但似乎所有的美丽都会转瞬而逝。生命的意义在于过程，抓住瞬间消失的美丽，就是一种收获。时间像是一支弦上的箭，它是单向的，不能回头，所以我们要把握住现在，认真活在当下的每一分钟。

一位中年人总觉得自己人生不顺，非常想找一位卦师占卜，想要知道自己的后半辈子际遇如何。他的一位哲学家朋友拦住了他，说："过去的已经过去，无法改变，而以后的事情又离你还很遥远。你为什么不抓住现在的时间做点事，而一定要去知道虚无缥缈的未来呢？"

中年人听完之后，恍然大悟，说："我明白我之所以前半生无所作为的原因了。因为我过去要么沉浸在对往事的回忆上，要么就是凭空想象自己今后的人生，唯独没有好好把握住当下的时间去好好工作"。

人生如白驹过隙。当一些人或事远离我们的时候，想要去挽留、去弥补都是不现实的。我们能够把握的只有当下而已。如果不把握当下，也许当下的幸福也会匆匆而过。所以，要学会把握住当下，以后才能少一些遗憾。

行动急缓有序，方能百忍不怒

有一个富人脾气很暴躁，常常得罪人，而事后又懊恼不已，所以一直想将这暴躁的坏脾气改掉。后来，他决定好好修行，改变自己，于是花了许多钱，盖了一座庙，并且特地找人在庙门口写上"百忍寺"三个大字。

这个人为了显示自己修行的诚心，每天都站在庙门口，向前来参拜的香客说明自己改过向善的心意。香客们听了他的说明，都十分钦佩他的用心良苦，也纷纷称赞他改变自己的决心。这一天，他一如往常站在庙门口，向香客解释他建造百忍寺的意义时，其中一位年纪大的香客因为不认识字，向这个修行者询问牌匾上到底写了些什么。修行者回答香客，牌匾上写的三个字是"百忍寺"。香客没听清楚，于是又问了一次。这次，修行者有些不耐烦地又回答了一遍。等到香客问第三次时，修行者已经按捺不住，很生气地回答："你是聋人吗？跟你说上面写的是'百忍寺'，你难道听不懂吗？"香客听了，笑着说："你才不过说了三遍就忍受不了了，还建什么'百忍寺'呢？"

安禅何须山与水，灭却心头火自凉。修行何必去寺庙，生活才是修炼场。只有懂得控制自己的情绪，懂得平和地对待他人，才能做到百忍而不怒。

有一次在一个讨论会上，会议进行到中途竟变成了一场爆炸性的激辩，与会人员的情绪都焦躁不安，每一个人的表情都急躁而焦虑，彼此以锐利的言辞相抗。突然之间，有一位男士站起来，悠然地脱掉上衣，打开领带，并顺势躺在椅子上，有人不解地问他是否觉得身体不适。"不，"他回答说，"我想我的身体状况很好，不过我开始冒火了，只有躺下来才能消消气。"

说完满室哄堂大笑，一时之间，原先紧张的气氛缓和了下来。这位淘气的先生说："我只不过是开个小玩笑，让大家解解火气。"事后他对我表示，他以前是个易怒暴戾的人，一旦脾气上来就会握紧双拳狂声怒吼，所以一面临这种场面时，他就试着伸直手指，压低高亢的声调，这样一来，满肚怒火就熄灭了。最后他微笑地说道："温柔和谐的声音是讨论时的最佳利器，对不对？"

假如感情如平波静水一般，那么暴躁的火气就可以消失，这样不但节省精力，还可预防疲倦。当然，我们并不是鼓励去除敏锐的感受力，只是告诉大家保持自己行动急缓有序，心灵的活动才能更加灵活敏锐，身体也必健康调和。

重视手边清楚的现在

　　1871年的春天，一个蒙特端综合医院的医学学生偶然拿起一本书，看到了书上的一句话。就是这句话，改变了这个年轻人的一生。它使这个原来只知道担心自己的期末考试成绩和自己将来的生活何去何从的年轻的医学院学生，成为他那一代最有名的医学家。他创建了举世闻名的约翰·霍普金斯学院，被聘为牛津大学医学院的钦定讲座教授，还被英国国王册封为爵士。他去世后，他的一生用厚达1466页的两大卷书才记述完。他就是威廉·奥斯勒爵士，而他在1871年看到的由汤冯士·卡莱里所写的那句话则是："人的一生最重要的不是期望模糊的未来，而是重视手边清楚的现在。"

我们不知道自己的生命到底有多长，但我们却可以安排当下的生活。只要把握好现在，我们的人生就一定不会失色。汤冯士·卡莱的话不仅改变了威廉·奥斯勒的人生，也对其他人产生了影响，卓根·朱达是哥本哈根大学的学生，他就是这样做的。

有一年暑假，卓根·朱达去当导游，对待游客非常用心，和他们成了很好的朋友，因此几个芝加哥来的游客就邀请他去美国观光。卓根·朱达先是来到了华盛顿，他将在那住上一天。然而，到了酒店后，他发现自己的钱包竟然不翼而飞了！他立刻跑到柜台那里。"我们会尽量想办法。"经理说。然而第二天还是没有找到。卓根身上只有不到2美元，自己孤零零一个人待在异国他乡应该怎么办呢？打电报给芝加哥的朋友向他们求援？还是到丹麦大使馆去报告遗失护照？还是坐在警察局里干等？他突然对自己说："不行，这些事我一件也不能做。我要好好看看华盛顿，说不定我以后没有机会再来，但是现在仍有宝贵的一天待在这个城市里。好在去芝加哥的机票还在我的行李箱里，一定有时间解决护照和钱的问题。"于是他立刻动身，徒步参观了白宫和国会山，并且参观了几座大博物馆，还爬到华盛顿纪念馆的顶端。他去不成原

先想去的阿灵顿和许多别的地方，但他更加仔细地游
览能去的每一个地方。他用身上仅有的钱买了花生和
糖果，一点一点地吃，以免挨饿。等他回到丹麦以后，
这趟美国之旅最使他怀念的却是在华盛顿漫步的那一
天。"现在"就是最好的时候，在"现在"还没有变成
"昨天我本来可以……"之前，把它抓住吧。

曾经有两位哲人游说于穷乡僻壤之中，他们对前来听教
的人说了一句流传千古的话："不要为明天的事烦恼，明天自
有明天的事，只要全力以赴地过好今天就行了。"在这个世界
上，有许多事情是我们所难以预料的。我们左右不了变化无
常的天气，却可以调整自己的心情；我们不能控制机遇，却
可以掌握自己；我们无法预知未来，却可以把握现在；我们
不知道自己的生命到底有多长，但我们却可以安排当前的生
活。只要把握好现在，我们的人生就一定不会失色。

不是时间流逝，而是我们流逝

　　小桦是某校一位普通的学生。她曾经沉浸在考入重点大学的喜悦中，但好景不长，大一开学才两个月，她已经对自己失去了信心，连续两次与同学闹别扭，学习成绩也不能令她满意，她对自己失望透了。

　　她自认为是一个坚强的女孩，很少有被吓倒的时候，但她没想到开学才两个月，自己就对大学四年的生活失去了信心。她曾经安慰过自己，也无数次试着让自己乐观面对，但换来的却是一次又一次的失望。

　　以前在中学时，几乎所有老师跟她的关系都很好，都很喜欢她，她的学习状态也很好，身边还有一群朋友，那时她感觉自己像个明星似的。但是进入大学后，

一切都变了，人与人的隔阂是那样的深，自己的学习
成绩又如此糟糕。现在的她很无助，她常常这样想：
我并未比别人少付出，并不比别人少努力，为什么别
人能做到的，我却不能呢？

　　进入一个新的环境，新生往往会不自觉地将其与之前对
比，而当困难和挫折出现时，产生"回归心理"更是一种普
遍的现象。小桦在新学校中缺少自我认同感，不管是与人相
处方面，还是自尊自信方面，这使她长期处于一种怀旧、留
恋过去的心理状态中，如果她不去正视目前的困境，就会更
加难以适应新的生活环境、恢复自信。

　　不能尽快适应新环境，就会导致过度地怀旧。一些人在
人际交往中只能做到"不忘老朋友"，但难以做到"结识新朋
友"，个人的交际圈也大大缩小。此类过度的怀旧行为将阻碍
自己适应新的环境，从而很难与时代同步。回忆属于过去的
岁月，而过去只存在于印象里，不属于现实的生活。一个人
要想在以后的生活里不断进步，就要试着走出对过去的回忆，
不管它是悲还是喜，不能让这些回忆干扰我们当下的生活。

　　在生活里，我们适当怀旧是正常的，也是必要的，但是
因为怀旧而否认现在和将来，就会陷入迷茫。

　　不要总是表现出对现状很不满意的样子，更不要因此过
于沉溺在对过去的追忆中。当你不厌其烦地重复述说往事，
述说着过去如何如何时，你可能忽略了当下正在经历的体验。
把过多的时间放在追忆上，会或多或少地影响你的正常生活。

我们需要做的是尽情享受当下。对过去的回忆即使再美好或再悲伤，毕竟已经因为岁月的流逝而远去。如果总是因为昨天错过今天，那么在不远的将来，你又会回忆着今天的错过。在这样的循环中，你永远是一个迟到的人。与其沉湎于过去，不如积极参与现实生活，比如，认真地读书看报，了解并接受新生事物，积极参与实践活动，不能老是站在原地思考问题。如果对立刻接受新事物有困难，可以在新旧事物之间寻找一个突破口，例如，思考如何再立新功、再创辉煌；不忘老朋友、发展新朋友；继承传统、厉行改革等，寻找一个最佳的切入点，从这个点上做起。

《天才在左，疯子在右》中有句话："不是时间流逝，而是我们流逝。"在已逝的岁月里，我们无法抗拒生命在时间里一点一滴地流逝，却做出了分秒必争的滑稽模样。

回到从前只是一次心灵的谎言，是对现在的一种不负责的敷衍。史威福说："没有人活在现在，大家都活着为其他时间做准备。"所谓"活在当下"，就是指活在今天，每一个今天都应该好好地生活。这其实并不是一件很难的事，我们都可以轻易做到。

人生苦短，珍惜你所拥有的

人只要生下来，世界就有我们的一份，凡事为此而努力。珍惜自己所拥有的一份，否则一旦错过时机，因缘又不一样了。人生苦短，要好好把握当下。

世人之所以总是会有这样或那样的烦恼，是因为人们总是在回忆过去或憧憬未来，而往往忽视了我们生活的"当下"。一个真正懂得"活在当下"的人，才能做到"快乐来临的时候就享受快乐，痛苦来临的时候就迎着痛苦"。在黑暗与光明中，既不回避，也不逃离，以坦然的态度来面对人生。

庄子有一种说法：不忘记自己从哪儿来，也不寻求自己往哪儿去，承受什么境遇都欢欢喜喜。忘掉死生，复返自然，这就叫作不用心智去损害大道，也不用人为的因素去干涉自然，这就叫"真人"，也就是人生活着的价值。活着是什么，即是对现有生活的坦然受之，受而喜之。世间的因缘际会太多，一些时机被错过，因缘之路就会出现截然不同的方向。当下一旦有了机会，就应该牢牢把握并为之努力，否则便会浑浑噩噩一生。

　　小张原本有一个青梅竹马的恋人，两人感情很好。在双方已经到了谈婚论嫁的时候，不料发生了变故。离结婚还有三个月的时候，小张的公司派他去外地出差。当时，南方正值雨季，洪涝灾害频发。小张出差所在的城市也遭到暴雨的袭击。在当地政府组织群众疏散的时候，小张与同事失去了联络。由于连续两个月的降水，小张所处的地方交通、通信陷入瘫痪，无法与外界取得联系，大家都以为小张遇难了。女友悲痛欲绝，在绝望之际接受了另外一个人的求婚。等小张回来后，发现昔日的女友已经成为他人的未婚妻，小张万念俱灰。后来，在别人的介绍下，小张与现在的妻子结婚。但是，他一直对前女友念念不忘，而对现在的妻子非常冷淡，婚姻成了一副空壳。

　　经过大家的劝说，小张终于意识到过去的事情已经不可能挽回。与其生活在过去的阴影中，倒不如去发现当下生活的美好。之后，小张逐渐开始发现妻子的优点，也逐渐体会到了家庭生活带给自己的幸福感。

　　人生的意义，不过是嗅嗅身旁每一朵芳香宜人的花，享受一路走来的点点滴滴。毕竟，昨日已成历史，明日尚不可知，只有当下才是上天赐予我们的最好的礼物。人生无常，很多事情都不是我们能预料的，我们所能做的只是把握当下，珍惜已经拥有的一切。

快乐来时享受快乐，痛苦来时迎着痛苦

　　"活在当下"的真正含义，简单来说就是你现在做的事情是最重要的事情，现在和你一起做事情的人是最重要的人，现在所处的时间是最重要的时间。

　　所谓"当下"就是指你现在正在做的事、待的地方以及周围的人。"活在当下"就是要你把关注的焦点集中在这些人、事、物上面，全心全意认真地去接纳、投入和体验这一切。活在当下是一种全身心地投入人生的生活方式。当你活在当下，没有过去拖在你后面，也没有未来拉着你往前时，你全部的能量都集中在当下这一时刻，生命因此具有一种强烈的张力。

　　人们之所以总是会有这样或那样的麻烦，是因为人们总

是生活在过去或未来，而往往被我们所忽视或并不予以理会的则是我们生活的"当下"。而一个真正懂得"活在当下"的人便能"快乐来临的时候就享受快乐，痛苦来临的时候就迎着痛苦"。

美国的圣地亚哥是一个浪漫而富有魅力的海边城市，从它的边境走过去就是墨西哥的一个小城市。走进墨西哥，你立刻会感觉到一种十分不同的氛围。从城市面貌上讲，毫无疑问，比起邻居——幽静美丽的圣地亚哥，一个是人间，一个是天堂。墨西哥贫穷落后，目之所及是尘土飞扬的马路、简陋的餐厅、卖小玩具讨钱的小孩子……

然而，游人能立刻被这里的欢乐气氛所感染，穿着朴实、热情友好的人们脸上写着喜悦，带给人一种久违的感动。不远处，三五成群的个子不高的墨西哥男子边拉手风琴，边卖烤肉，空气中弥漫着烤肉的香味。实际上，这只是当地人极为平凡的一天。

墨西哥人有着豪放欢快、热情洋溢、无忧无虑的性格。他们的人生哲学是活着一天就享受一天的生命。相比之下，在比墨西哥更富有的国家里，人们的脸上却写着焦虑不满、严峻冷漠、不甚友好的情绪，似乎生活亏欠了他们什么。

是的，活在当下就要对自己当前的现状满意，要相信每一个时刻发生在自己身上的事情都是最好的，要相信自己的生命正以最好的方式展开，如果不活在当下，就会失去当下。

人活在当下，应该放下过去的烦恼，舍弃对未来的忧思，顺其自然，把全部的精神集中于眼前的这一刻，因为失去此刻便没有下一刻，不珍惜今生也就无法拥抱未来。

保持平常心，发掘愉悦的心情

忙碌是一种生活状态，但不应该成为心灵的常态。若只能从忙碌中体会到烦恼与纷扰，便很难体验到游刃有余、自由洒脱的心境。在忙碌的世俗生活中，保持一种平常心，将忙碌的劳累与不快沉淀到心底，并用岁月将其风干成一种曾经奋斗的记忆，才是享受生活与工作的绝妙方法。

古代的一位官员每天忙忙碌碌，不得清闲，时间久了，他心中生出了很多烦恼，对工作也倦怠起来。苦恼无处排解，他便来到一位禅师的法堂。禅师静静听完了此人的倾诉，将他带入自己的禅房之中，禅房的桌上放着一瓶水。禅师微笑着说："你看这个花瓶，它已经放置在这里许久了。虽然花瓶每天都被放在同一个位置，但是瓶中的鲜花每天都在更换，它必须以同样的状态将水分与养料提供给花儿，这是一种不动声色的忙碌。几乎每天都有尘埃灰烬落在花瓶里面，但瓶中的水依然澄清透明。你知道这是何故吗？"此人思索良久，仿佛要将花瓶看穿，忽然他似有所悟："我懂了，所有的灰尘都沉淀到瓶底了。"禅师点点头："世间烦恼之事数之不尽，有些烦恼，你越想排解越挥之不去，那就索性淡然处之。就像瓶中的水，如果你厌恶地摇它，就会使一瓶水都不得安宁，混浊一片；如果你愿意慢慢地、静静地让它们沉淀下来，用宽广的胸怀去容纳它们，这样，心灵并不会因此受到污染，反而更加纯净了。"官员恍然大悟。

保持瓶中水的静止，也是保持自己内心的安定。保持一颗平常心，和其光，同其尘，愈深邃愈安静。生活或工作中的我们，应该养成一种如水的心态，容纳万物，也容纳自我。水至柔而有骨，执着能穿石，"天下之至柔，驰骋天下之至坚"；水润泽万物，有容乃大，通达而广济天下，奉献而不图回报。人生在世，若能将水的特性发挥得淋漓尽致，可谓完人，正是"上善若水，厚德载物"。

有个后生到一座禅院去，在路上遇到了一件有趣的事，他想以此去考考禅院里的老禅师。来到禅院后，后生与老禅师一边品茶，一边闲谈，冷不防问了一句："何谓团团转？""皆因绳未断。"老禅师随口答道。后生听到老禅师这样回答，顿时目瞪口呆。老禅师见状，问："什么使你这样惊讶啊？""不，老师父，我惊讶的是，你怎么知道的呢？"后生说，"我今天在来的路上，看到一头牛被绳子穿了鼻子，拴在树上，这头牛想离开这棵树，到草地上去吃草，谁知它转过来转过去都不得脱身。我以为师父没看见，肯定答不出来，哪知师父一下就答对了。"老禅师微笑着说："你问的是事，我答的是理，你问的是牛被绳缚而不得解脱，我答的是心被俗务纠缠而不得超脱，一理通百事啊！"

想想我们自己，其实也是被一根无形的绳子牵着，像老牛一样围着树干团团转，总解脱不了。我们的处境又比老牛好到哪儿去呢？名是绳，利是绳，欲是绳，尘世的诱惑与牵挂都是绳。人生三千烦恼丝，斩断才能自在啊！对活在忙碌紧张、名利缠绕的现代社会的我们而言，肩上的重担、心中的压力，将我们缠绕其中，密不透风，使我们与快乐背道而驰，越走越远。在忙碌的工作中，放下心中的烦恼，放下心中的欲望，便会得到一双飞越悬崖，朝着晴朗的天空自由飞翔的翅膀！

第六章

左手给予，右手收获

　　爱的力量是相互的，要获得他人的喜爱，首先必须真诚地喜欢他人。哲学家威廉·詹姆斯说："人性深处最大的欲望莫过于受到外界的认可与赞扬。"这句话对于"别人"也同样适用，如果你只是过度地关心自己，什么事情只想着自己，就没有时间及精力去关心别人。别人想获得你的关心，却无法从你这里得到，当然也不会去注意你。

伸出热情的手

　　一天，一个叫霍华德的贫穷的小男孩为了攒够学费，正挨家挨户地推销商品。劳累了一整天的他此时感到十分饥饿，但摸遍全身，却只有一角钱。怎么办呢？他决定向下一户人家讨口饭吃。当一位美丽的女孩打开房门的时候，小霍华德却有点不知所措了，他没有要饭，只乞求她给自己一口水喝。女孩看到他很饥饿的样子，就拿了一大杯牛奶给他。小霍华德慢慢地喝完牛奶，问道："我应该付多少钱？"女孩回答道："一分钱也不用付。妈妈教导我们，施以爱心，不图回报。"小霍华德说："那么，就请接受我由衷的感谢吧！"说完，小霍华德离开了这户人家。此时，他不仅感到自己浑身是劲儿，而且还看到上帝正朝他点头微笑，小霍华德心中充满了温暖与勇气。其实，小霍华德本来是打算退学的。数年之后，当年那个女孩长大了，她得了一种罕见的重病，当地的医生对此束手无策。最后，她被转到大城市医治，由专家会诊治疗。当著名的主治医师看到病历上所写的病人的来历时，一个奇怪的念头霎时间闪过他的脑际，他马上起身直奔病房。来到病房，医师一眼就认出床上躺着的病人就是那位曾经帮助过他的恩人。经过医护们的努力，手术成功了。当医药费通知单送到这位病人手中时，她不敢看，因为她确信，治病的费用将会花去她的全部积蓄。最后，她还是鼓起勇气，翻开了医药费通知单，旁边的那行小字引起了她的注意，她不禁轻声读了出来："医药费——一满杯牛奶。"

每个人都有渴望得到友情和帮助的心理，特别是在面对生活中的种种困难时。如果这个时候你能够伸出热情的双手，无疑会给对方以极大的力量和信心。而这双热情的手，总有一天会给你带来意想不到的回报。

传说，佛陀有一次伫立在莲花池畔，透过覆盖在水面的莲叶隙间，看到了地狱的底层。佛陀看见一个生前作恶多端，名叫犍陀多的男子，悲惨地在地狱受苦的样子。慈悲的佛陀想着如何救这名男子。犍陀多一生做了许多恶事，可是他也做了一件善事。有一次，犍陀多经过森林时，看见一只小蜘蛛在路旁爬行，他原本要踩下去了，却突然动了善念："蜘蛛虽小，却也如我一样是具有生命的，我不该随便滥杀。"佛陀在莲叶上找到一只蜘蛛，将蜘蛛所吐的丝线，垂放于地狱的底层，要用这根丝线救犍陀多。犍陀多一见丝线，便高兴地往上爬，但在地狱受苦的人实在太多了，一看见犍陀多的蜘蛛丝，便一窝蜂地也跟着往上爬。犍陀多一见这情形慌了："不要爬上来，这是我的蜘蛛丝，不准你们爬上来，滚，给我滚！"但在地狱受苦的人，好不容易可以获救，哪儿听得进去？爬得人越来越多。"你们再爬，蜘蛛丝会断的！"犍陀多想着，终于想出一个妙计，他将蜘蛛丝的下半段剪断，这样就不会有人来跟他抢了。犍陀多还来不及高兴，他爬的蜘蛛丝也跟着断了。犍陀多又落到了地狱的底层，和那些被他剪断丝线而落下的人一起在地狱受苦。慈悲的佛陀见到这情形，轻轻地叹息一声，却也无奈何。

犍陀多不懂得付出的快乐。他不懂付出更多，也将得到更多的道理。他一心只想着自己，最后连生前的一点小善业也没了，只好继续在地狱里沉沦。

感动是滋养丰盈果实的源泉

感动无处不在，仿佛泉水般滋养着生命。但是，我们却匆匆走过，忍受着干渴。这样我们不仅失去了生龙活虎的状态，我们的内心也会变得干涸、僵硬，离快乐与幸福越来越远。

每天上班，齐女士都要从一所大学的东门过斑马线，然后再往东走到单位。多数时候，都是刚到路口，人行横道的红灯就亮起来，齐女士静静地等待着，她已经习惯了这种等待。那天也一样，唯一不同的是，这次她回了一下头。她忽然看到那所大学扩建工地的围墙边被留存下来的两棵老柳树，那巨大的绿色树冠在朝阳下闪着熠熠的光泽，随着微风荡漾着，美到极致。也就是在那一刻，齐女士被莫名地深深感动了。整整一天，她都感到莫名喜悦。一个很平常不过的日子，仿佛也被早晨的感动镀上了金边。

在这个世界上，我们有时心累，有时身累，人生仿佛就是天涯苦旅。但是，头顶的鸽哨突然掠过，让人顿感一丝惊喜，这就是感动的不期而至。感动，仿佛甘露滋养我们的身心，让我们常驻幸福家园之中。无论是柳树的自然之美，还是人间辛酸唤起的良知援助，都是感动之花开放的枝丫，都可以结出幸福的果实。

以爱的方式给予，会带来真正的满足感

聪明人都明白这样一个道理，帮助自己的唯一方法就是去帮助别人。为别人付出你的爱心，就像种下一片希望，就会收获硕果累累，就能品尝到丰收的喜悦和内心的满足。

多年以前，在荷兰一个小渔村里，一个勇敢的少年以自己的实际行动使全世界的人懂得了什么是无私奉献。全村的人都以打鱼为生，而海面上瞬息万变，危机四伏。为了应对突发的海难，人们自愿建立了紧急救援队。在一个漆黑的夜晚，海面上乌云翻滚，狂风怒吼，巨浪掀翻了一条渔船，船员的生命危在旦夕。他们发出了"SOS"求救信号。救援队的船长听到了警报，火速召集紧急救援队的成员，乘着划艇，驶入了汹涌的海浪中。忧心忡忡的村民们都聚集在海边，翘首眺望着云谲波诡的海面，他们每个人都举着一盏提灯，为救援队照亮返回的路。一个小时之后，救援队的划艇终于冲破浓雾，乘风破浪，向岸边驶来。村民们喜出望外，欢呼着跑上前去迎接。当他们精疲力竭地跑到海滩后，却听到自愿救援队的队长宣布：由于救援船容量的限制，无法搭载所有遇险的人，必须留下其中的一个人，否则救援船就会翻覆，那样所有的人都活不了了。刚才还在欢呼的人顿时安静下来，才落下的心又悬到了嗓子眼儿，人们又陷入了慌乱与不安之中。这时，救援队长开始组织另一队自愿救援者前去搭救那个最后留下来的人。十六岁的汉斯自告奋勇地报了名。他的母亲忙抓住他的胳膊，用颤抖的声音说："汉斯，你不要去。你知道，十年前，你的父亲就是在海难中丧生的，而三个星期前你的哥哥保罗也出了海，可是到现在连一点消息也没有。孩子，你现在是我唯一的依靠了！求求你千万不要去！"看着母亲那日见憔悴的面容和近乎乞求的眼神，汉斯心头一酸，泪水在眼中直打转，但是他强忍住没让它流下来。"妈妈，我必须去！"他坚定地答道，"妈妈，您想想，如果我们每个人都说'我不能去，让别人去吧'，那情况将会怎样呢？妈妈，您就让我去吧，这是我的责任。只要有人求救，我们就得竭尽全力地去履行我们的义务。"汉斯张开双臂，紧紧地拥吻了他的母亲，然后义无反顾地登上了救援队的划艇，驶入无边无际的黑暗之中。十分钟过去了，二十分钟过去了……一小时过去了。这一个小时，对忧心忡忡的汉斯的母亲来说，真是太漫长了。终于，救援船再次冲破迷雾，出现在人们的视野中。只见汉斯正站在船头向岸上眺望。救援队长把手握成喇叭状，向汉斯高声喊道："汉斯，你找到留下来的那个人了吗？"汉斯高兴地大声回答："我们找到他了，队长。请您告诉我妈妈，他就是我的哥哥——保罗！"

保持一份爱心，在别人身处困境的时候，伸出援助之手。这似乎说起来容易，但仔细想想，我们是否能够做到甘愿与别人分享呢？小时候有好玩的玩具，我们只是自己玩；有了好吃的，自己偷偷藏起来；上学时别人借笔记，我们却拒绝；买了一件漂亮的衣服穿给朋友看，朋友也想买一件我们却谎称卖完了；老板给了我们一个"肥差"，我们却拒绝别人的帮忙，想要自己独立完成……然而，生活因付出与慷慨才变得更美好，只有付出爱心，才能收获希望；只有在别人困难的时候，毫不犹豫地伸出救援的双手，在你困难时，你才能得到更多的帮助。

珍惜与博爱，让你的快乐成倍增加

平安夜里，哥哥送了一辆崭新的汽车给彼特作为圣诞节的礼物。彼特高兴极了，细心地给自己的爱车擦车窗玻璃。这时，一个小男孩走过来站在他的身边看了半天都没有走开。"先生，您的车是新买的吧！"小男孩突然开口了，眼神里满是羡慕，"真漂亮！""是，这是哥哥送给我的圣诞礼物。"彼特有些自豪。"啊，您是多么幸福！"小男孩喃喃自语道，"要是我有钱的话，我也愿意像您的哥哥那样……"彼特十分惊讶，他问小男孩："你想坐我的车兜一圈吗？""哎呀，那真是太好了！"小男孩坐在新车上这儿看看，那儿看看，十分兴奋。彼特也被他的情绪感染了。半路上，小男孩突然指着路边的一幢房屋说：
"先生，您的车子能在那个门前停一下吗？"彼特想，
这小家伙是想回家把自己的父亲带出来看一看，他带
回来一个多么好的朋友，他的朋友又拥有一辆多么棒
的小汽车。彼特微微一笑，点头答应了他的请求。车
停了，小男孩下了车，飞快地跑上台阶，进了自家的
房门。过了一会儿，彼特听见屋里传来一阵沉重的脚
步声。他正在奇怪，门口的台阶上出现了小男孩的身
影，怀里还抱着一个更加瘦弱的男孩。小男孩有些不
好意思地朝彼特笑了笑，说："这是我的弟弟，他一直
想看一看漂亮的小车是什么样子的。"小男孩把他的弟
弟放在门前的台阶上坐着，彼特不经意看到了他的弟
弟少了一条腿。小男孩指着小汽车认真地说："弟弟，
你看见了吗？这就是我朋友的圣诞礼物，他的哥哥送
给他一辆多么漂亮的小汽车啊！总有一天，我也会送
给你一辆崭新的小汽车，跟他的这辆汽车一样棒。那
个时候，你就可以开着自己的小汽车去看路边的彩灯，
看橱窗里的蛋糕……"小男孩紧紧地握住弟弟的手，
一脸的向往。彼特不知何时已经泪流满面，他朝台阶
上的兄弟俩热情地张开双臂，大声说："来，欢迎我们
的新朋友上车，现在开始我们愉快的平安夜之旅吧！"

　　只有与别人分享，才能获得真正的快乐，这便是小男孩
带给我们的触动。小男孩带给我们的不止感动，他还让我们

懂得珍惜与博爱，只要拥有博爱之心，把自己一份微不足道的关爱送到别人的身边，你得到的将会比自己当初付出的更多，你的快乐将会加倍地增长。

人人都有，才是真的拥有

我们每个人心中都有一座美丽的大花园，如果我们愿意让别人在此种植快乐，那么这份快乐也会滋润自己，我们心灵的花园就永远不会荒芜。

一个男孩说，那年春天，他母亲在院子里种了一株菊花。三年后的秋天，小小的院子变成了一个菊花园，金黄金黄的花朵簇拥着次第开放，整个小山村都散发着浓浓的芳香。母亲陶醉了，她整日敞着院门，守在门旁边，看见过往的乡邻就热情地招呼或邀请他们进来坐坐，以便让满院的菊花吸引来更多的目光。于是，小小的山村也在秋天变得美丽起来，母亲的脸上洋溢着幸福的微笑。一天，有人开口向母亲要几棵花种在自家院子里，母亲答应了。她亲自动手挑选开得最好、茎秆最粗的几棵，挖出根须送到了别人家里。消息很快传开了，前来要花的人接连不断。在母亲眼里，这些人一个比一个知心，一个比一个亲近，都得送。不多日，院里的菊花就被送得一干二净。没有了菊花，院子里就如同没有了阳光一样寂寥。秋天的一个黄昏，儿子陪母亲在院子里散步，突然就想念起满院的菊香来。母亲轻轻拉过儿子的手，说："这样多好，三年后一村子菊香！"一村子菊香！儿子不由得心头一热，重新打量起母亲来，她的白发增添了许多，而脸上的皱纹却宛若花瓣一般动人。

有了美好和幸福，不是独自一个人享受，而是和大家共享，把美好和幸福分给每一个人，才是真正地拥有美好和幸福！

一位年长的布施者曾经讲述了这样一次经历：在一次去美国西部布施的途中，他恰好坐在一位年迈的妇人旁边，这位老妇人时不时地从敞开的窗户中探出身去，从一个瓶子中把一些种子撒在路上。当她撒完了一瓶之后，又从手提包里把瓶子灌满，接着继续撒。听布施者讲述这一经历的一个朋友认识这位老妇人，并告诉他，这位老妇人极其喜欢鲜花，并且一贯遵循

一个信念："请在你旅途所经之处撒播鲜花的种子，因
为你可能永远都不会在同样的路上再次旅行。"通过在
自己的旅途中撒播鲜花的种子，这位老妇人为原野增
添了美丽。正是由于她热爱美、传播美，使得许多道
路两侧鲜花缤纷、生机盎然。

对那些懂得并欣赏美的人来说，融入大自然的怀抱就像
是走进了一座巨大而精美、充满魅力的宫殿。呈现在我们面
前的大自然，是这样庄严、美丽、可爱。在这里有轻风在驰
骋，有泉流在激溅，有鸟儿在鸣啼。风的浅吟、雨的低唱、
虫的轻鸣显得那么抑扬顿挫，再加上夕阳的霞光、花儿的芬
芳、高山的宏伟、彩虹的艳丽、空气的清新，构成了足以让
天使陶醉的画面，而置身于其中的我们，又怎能不像喝了醇
酒一般呢？但是，这种美丽和恬静如果只是一个人独自欣赏，
就会失去它本该有的意义。感受其间的快乐，不是全部收入
自己的囊中，而是与他人一起分享其中的乐趣。

分享快乐，人生如此豁达

　　一位犹太教的长老酷爱打高尔夫球。在一个安息日，他觉得手痒，很想去挥杆，但犹太教规定，信徒在安息日必须休息，什么事都不能做。这位长老实在忍不住，决定偷偷去高尔夫球场，想着打九个洞就结束。由于安息日犹太教徒都不会出门，球场上一个人也没有，因此长老觉得不会有人知道他违反规定。然而，当长老在打第二洞时，却被天使发现了。天使生气地到上帝面前告状，说这个长老不守教义，居然在安息日出门打高尔夫球。上帝听了，就跟天使说，他会好好惩罚这个长老。从第三个洞开始，长老打出超完美的成绩，几乎都是一杆进洞。这使得长老感到非常兴奋。到打第七个洞时，天使又跑去找上帝："上帝呀，你不是要惩罚长老吗？为何还不见有惩罚？"上帝说："我已经在惩罚他了。"直到打完第九个洞，长老都是一杆进洞。因为打得太神乎其神了，于是长老决定再打九个洞。天使又去找上帝了："到底惩罚在哪里？"上帝只是笑而不答。打完十八个洞，长老的成绩比任何一位世界级的高尔夫球手都优秀，这把长老乐坏了。天使很生气地问上帝："这就是你对长老的惩罚吗？"上帝说："正是。你想想，他有这么惊人的成绩和快乐，却不能跟任何人说，这不是最好的惩罚吗？"

生活需要伴侣，快乐和痛苦都要有人分享。无人分享的人生，是一种惩罚。像犹太长老那样，当快乐不能与人分享时，越是心情愉悦，得到的惩罚就越大。快乐如果能够分享就会加倍，痛苦如果能够分担就会减少。

在一个大学宿舍里，和另外五个城市女孩相比，来自农村的阿文显得很不起眼。城里的女孩子从小就接触到过很多的新鲜事物，唱歌、跳舞、演讲、主持几乎样样精通。阿文就像一只丑小鸭，衣着老式、落伍，没有见过什么世面，几乎事事都感觉新鲜、好奇。她总是喜欢把自认为新鲜的奇闻趣事喋喋不休地讲给同宿舍的室友。其他几个女孩子，则有着都市女孩的骄傲，不喜欢与他人分享自己的快乐或者苦恼，都喜欢独来独往。于是，在宿舍里，经常能听到的只有阿文爽朗的笑声。时间长了，阿文的坦率、开朗的性格感染了宿舍里的其他五个女生，阿文就成了她们每个人忠实的朋友，而她们五个相互之间却心存芥蒂、相互提防。阿文是学习最认真的，每次快到期末考试的时候，大家都慌了神，阿文总能够毫不吝啬地把笔记拿出来给大家分享。一晃很快就大学毕业了，同学们都天南海北地各奔前程。毕业十年后，大家再次聚会的时候，才发现与同学保持联系最多的是阿文。而此时事业最成功的竟然也是阿文，阿文已经今非昔比，从以前的"丑小鸭"蜕变成了一家公司的老总。

一切几乎是在意料之外，却又是在意料之中，大家心里也都很清楚，阿文的成功不是偶然的，阿文身上具有她们不曾有的品质，就是能够真诚地分享自己的幸福与快乐。分享快乐，需要的是一种豁达的人生境界。

自私等于将自己与周围的世界隔离，只有学会与他人分享快乐，我们的快乐才会加倍，才会成为真正快乐的人。

帮助别人，常常就是帮助自己

　　贝丽太太是美国一位有钱的贵妇人，她在亚特兰大城外修建了一座花园。花园又大又美，吸引了许多游客，他们毫无顾忌地跑到贝丽太太的花园里游玩。年轻人在绿草如茵的草坪上跳起了欢快的舞蹈，小孩子扎进花丛中捕捉蝴蝶，老人坐在池塘边垂钓，还有人甚至在花园当中支起了帐篷，打算在此度过浪漫的盛夏之夜。贝丽太太站在窗前，看着这群快乐得忘乎所以的人们，看着他们在属于她的园子里尽情地唱歌、跳舞、欢笑。她越看越生气，就叫仆人在园门外挂了一块牌子，上面写着："私人花园，未经允许，请勿入内。"可是这一点也不管用，那些人还是成群结队地走进花园游玩。贝丽太太只好让她的仆人前去阻拦，结果发生了争执，有人竟拆走了花园的篱笆墙。后来贝丽太太想出了一个绝妙的主意，她让仆人把园门外的那块牌子取下来，换上了一块新牌子，上面写着："欢迎你们来此游玩，为了安全起见，本园的主人特别提醒大家，花园的草丛中有一种毒蛇。如果哪位不慎被毒蛇咬伤，请在半小时内采取紧急救治措施，否则性命难保。最后告诉大家，离此地最近的一家医院在威尔镇，驱车大约五十分钟即到。"这真是一个绝妙的主意，那些贪玩的游客看了这块牌子后，对这座美丽的花园望而却步了。可是几年后，有人再到贝丽太太的花园去，却发现因为园子太大、走动的人太少而真的杂草丛生、毒蛇横行，几乎荒芜了。孤独寂寞的贝丽太太守着她的大花园，开始怀念起那些曾经来她的园子里快乐游玩的游客。

将快乐与别人分享，它就会变成两份快乐，而不懂得分享则会失去自己本来拥有的东西。故事中的贝丽太太因不懂得与人分享的快乐，在自己的心灵深处筑起一道篱笆墙，用以防止他人的"入侵"。殊不知，这样也会使快乐和幸福远离自己。因此，只有打开自己心灵的篱笆墙，让阳光照进来，让朋友走进来，才能守住自己所拥有的，才会变得幸福与快乐。

美国南部的一个州每年都要举办南瓜品种大赛。

有一个农夫的赛绩相当优异，经常是首奖的获得者。每当他得奖之后，总是毫不吝惜地将参赛得奖的种子分给街坊邻居。有一位邻居很诧异地问："你能获奖实属不易，我们都看见你投入了大量的时间和精力来进行品种改良。可为什么你还这么慷慨地将种子分送给大家呢？你不怕我们的南瓜品种超过你吗？"这位农夫回答："我将种子分送给大家，是帮助大家，但同时也是帮助我自己！"原来，这位农夫居住的地方，家家户户的田地都是毗邻相连的。这位农夫将得奖的种子分送给邻居们，邻居们就能改良各自南瓜的品种，同时也就可以避免蜜蜂在传递花粉的过程中，将邻近较差品种的花粉传给自家的南瓜，以便这位农夫专心致力于品种的改良。相反，如果这位农夫将得奖的种子自己独享，而邻居们在品种的改良上无法跟上，蜜蜂就容易将那些较差品种的花粉传给这位农夫的优良品种。这位农夫势必要在防范方面花费很大精力，很难迅速培育出更加优良的南瓜品种。

凡事皆有因果，播种什么，就会收获什么。送人一束玫瑰，留下一缕芬芳。当我们帮助别人的时候，也就埋下了得到别人帮助的伏笔。一个不经意的举动，往往能为我们带来更多的回报，想想当你为生病的同学补上落下的功课，当你帮助他人找回丢失的小猫，是否心中会多一份别样的甜蜜呢？

分享快乐，取之不竭

　　从前，有两位很虔诚、很要好的教徒，决定一起到遥远的圣山朝圣。两人背上行囊，风尘仆仆地上路了，发誓不到达圣山，绝不返家。两位教徒走啊走，走了两个多星期之后，遇见一位年长的白发圣者，圣者看到这两位如此虔诚的教徒千里迢迢前往圣山朝圣，就十分感动地告诉他们："从这里个距离圣山还有十天的脚程，但是很遗憾，我在这十字路口就要和你们分别了。而在分别前，我要送给你们一个礼物！什么礼物呢？就是你们当中一个人先许愿，他的愿望一定会马上实现，而第二个人，就可以得到那个愿望的两倍！"此时，其中一个教徒心想："这太棒了，我已经知道我想要许什么愿，但我不想先讲，因为如果我先许愿，我就吃亏了，他就可以有双倍的礼物，不行！"而另外一个教徒也自忖："我怎么可以先讲，而让我的朋友获得加倍的礼物呢？"

于是，两位教徒就开始客气起来，"你先讲嘛！""你比较年长，你先许愿吧！""不，应该你先许愿！"两位教徒彼此推来推去，"客套地"推辞一番后，渐渐两人就开始不耐烦起来，气氛也变了："你干吗？你先讲啊！""为什么我先讲？我才不要呢！"两人推到最后，其中一人生气了，大声说道："喂，你真是个不识相、不知好歹的人，你再不许愿的话，我就把你的狗腿打断，把你掐死！"另外一个人一听，没想到他的朋友居然变脸，恐吓自己！于是想：你这么无情无义，我也不必对你太有情有义！我没办法得到的东西，你也休想得到！于是，这一教徒干脆把心一横，狠心地说道："好，我先许愿！我希望我的一条腿断掉！"很快，这位教徒的一条腿断掉了，而与他同行的好朋友，两条腿也立刻都断掉了！

很多时候，只想着自己的人并不能如愿以偿地得到他想得到的东西。相反，假如能够多为他人着想，拿出自己拥有的一部分与之分享，结果会大不相同。故事中的圣者原本赠给教徒们的是十分美好的礼物，可以使两位好朋友共享，但是狭隘、贪婪与嫉妒左右了他们的心，所以使得"祝福"变成"诅咒"，"好友"变成"仇敌"，更让原来可以"双赢"的事，变成"双输"！

　　在一个偏僻的村落里，有一位历尽沧桑的老人。由于命运的安排，她几乎经历了一个女人所能遭遇的一切不幸。然而她却用一颗满怀着希望的心灵演绎了幸福美丽的一生。十八岁时，她嫁给了邻村的一个生意人，可刚结婚不久，丈夫外出做生意，便一去不回。有人说他死在了响马的枪下，有人说他病死他乡，还有人说他被一家有钱人招为养老女婿。当时，她已经怀了孩子。几年以后，村里人都劝她改嫁。没有了男人，孩子又小，这寡居的生活到什么时候是个头？但她没有走，她说丈夫生死不明，也许在很远的地方做了大生意，没准哪一天发了大财就回来了。她被这个念头支撑着，带着儿子顽强地生活着。她甚至把家里整理得更加井井有条。她想，假如丈夫发了大财回来，不能让他觉得家里这么窝囊寒酸。

　　这样过去了十几年，在她儿子十七岁那一年，一支部队从村里经过，她的儿子跟部队走了。儿子说，他到外面去寻找父亲。不料儿子走后又是音信全无。有人告诉她说，她儿子在一次战役中战死了，她不信，一个大活人怎么能说死就死呢？她甚至想，儿子不仅没有死，反而是做了军官，等打完仗，天下太平了，就会衣锦还乡。她还想，也许儿子已经娶了媳妇，给她生了孙子，回来的时候是一家子人了。尽管儿子依然杳无音信，但这个想象给了她无穷的希望。她不能下田种地，就做绣花线的小生意，她勤奋地奔走四乡，积累钱财。她告诉人们，她要挣些钱把房子翻新一下，等丈夫和儿子回来的时候住。

有一年她得了大病，医生已经判了她死刑，但她最后竟奇迹般地活了过来，她说，她不能死，要是她死了，儿子回来到哪里找自己的家呢？这位老人一直在村里健康地生活着，过了百岁的年龄，她依然做着她的绣花线生意，她天天算着，她的儿子生了孙子，她的孙子也该生孩子了。这样想着的时候，她那布满皱纹与沧桑的脸，即刻会容光焕发。

幸福来自一颗乐观豁达的心，能够使我们淡忘自己的痛苦，汲取继续走向成功的力量。每天给自己一个希望，我们就能够充满勇气地面对自己的生活，而不是将时间花费在无尽的悲哀和苦闷上。

上帝把一捧快乐的种子交给幸福之神，让她到人间去撒播。临行前，上帝仍不放心地问："你准备把它们撒在什么地方呢？"幸福之神胸有成竹地回答说："我已经想好了，我准备把这些种子放在最深的海底，让那些寻找快乐的人经过惊涛骇浪的考验后，才能找到它们。"上帝听了，微笑着摇了摇头。幸福之神思考了一会儿，继续说："那我就把它们藏在高山之上吧，让寻找快乐的人，通过艰难跋涉才能发现它们的存在。"上帝听了之后，还是摇了摇头。幸福之神茫然无措了。上帝意味深长地说："你选择的这两个地方都不难找到。你应该把快乐的种子撒在每个人的心底。因为，人类最难到达的地方，就是他们自己的心灵。"

"智者累积快乐，与人分享仍取之不竭。"快乐是种子，它能生出更多的快乐。生活里有着许许多多美好的事物、许许多多的快乐，关键在于我们能不能发现。一切的美好都在我们心里。当你跋山涉水地寻找幸福时，为什么不去自己的心里找一找？

莫做生活的旁观者

　　特里的家在美国得克萨斯州的一个小镇上，年近四十的他有三个孩子，他是一家之主。每天下班回家，他最喜欢说的一句话是："不要烦我了，我已经很累了。"这天也一样。于是妻子一如既往，安静地做饭去了。几个孩子看见他回来了，一个一个轮流叫过一声爸爸，然后纷纷跑开，自顾自地玩耍去了。

　　特里又辛苦了一天。他板着脸坐在小椅子上，不知道该做什么。他已经忘却如何说一个笑话，也不会去扮鬼脸。孩子们在一边玩得很开心，没有谁来打扰他，妻子做好饭菜会叫他的。这样一个幸福的家庭，这样一幅幸福的画面，他还有什么不满足？他应该非常满足了。可是，一种很空虚、很寂寞的感觉升了起来，在特里的胸口回荡。在他回到自己的家后却发现，他用所有的一切撑起的这个充满甜蜜欢笑的家居然与他保持着距离。虽然这种距离不是刻意造成的，毕竟亲人之间没人喜欢距离，但它确实存在。

他相信成年以后，孩子会对他们的父亲无比爱戴、感激与尊敬，因为他为他们付出了巨大的心血。只是现在这一刻，孩子们在母亲那里玩耍着、笑着。米饭端了上来，乳白的鲫鱼汤逸出了鲜美的香味，小炒菜散发着诱人的光泽。那是一种甜蜜而温暖的氛围，他身在其中，却格格不入，甚至没有人注意到他默默吃完饭，孤单地回到卧室。他的眼角有些潮湿的痕迹。是谁的错？应该怪谁？特里没有向他的妻子和孩子们追究什么，只是在下一次回家的时候，他做了一个小小的改变。门打开的时候，他张开怀抱，微笑着，对孩子们说："爸爸回来了，大家都过来，让我抱一抱。"于是，他的孩子们欢快地向他跑来了。

美国心理学家米哈利·克塞克认为幸福意味着生活在一种"沉醉"的状态中。幸福就是要用心去生活，而不是做一个生活的旁观者。其实在生活中，小小的改变都可以让我们如沐春风般地感受到幸福，就如同故事中爸爸的那一个拥抱。幸福对于我们来说，无处不在，无时不有。它不会因你富有而慷慨，也不会因你贫穷而吝啬，只要你用心去体会，用爱去经营，幸福自然会到来。

　　大地回春，万物复苏。小草纤弱的身体从地里冒出来，用怯生生的眼光打量这个热闹的世界。"唉，我们小草在这个世上是多么渺小啊！简直微不足道，一只蚂蚁也可以欺负我们！"小草有点儿伤感地说。一片即将凋零的树叶说："你是身在福中不知福呀！"小草奇怪地问："我有什么福？"树叶说："我们树叶身居高处随风飘摇，却在秋日因为枯黄而坠落。你愿意用你的生命来换取我的位置吗？""不愿意！我想活着！"小草说。即将枯萎的鲜花问小草："你愿意用你的绿色换取鲜花开放的那一刻辉煌吗？""不愿意！绿色是我们小草的精神寄托。没有绿色，小草怎么能叫小草呢？"小草说。山顶的孤柏问小草："要不，我们来换个位置，你到山顶来享受百年孤独和无友的痛苦，我到成百上千的小草中去感受那集体的力量。""我不要。"小草回过头去，不知什么时候，它发现身后冒出成千上万的小草，它们手拉手构成一片绿的世界。"我真是身在福中不知福啊！我拥有这么多令人美慕的东西，却因为身份卑微而妄自菲薄，真是不该呀！"小草感叹道。

　　我们常因自己是尘世中的微小分子而感到自卑，殊不知每个人都有自己独特的快乐和幸福。

第七章
唯宽可以容人，唯厚可以载物

为人处世，首先应当提倡"豁达大度"的开阔胸襟。胸襟开阔是一种修养、一种理念，是对待人生的一种态度，是一种至高无上的精神境界。漫漫人生路，有时退一步，是为了跨越千重山，或是为了破万里浪；有时低一低头，是为了昂扬成擎天柱，也是为了响成惊天动地的风雷。如此的低一低头，即便今日成渊谷，即便今秋化作飘摇落叶，明天也足以抵达珠穆朗玛峰的高度，来年春天依然会笑意盎然，傲视群雄。

宽待对手，将对手变成朋友

由于利益的争夺，人们往往会形成竞争的关系。也许你的竞争对手会以君子的风度正当竞争，也许你的竞争对手会恶意诽谤。对此，我们是该以牙还牙、睚眦必报，还是宽容对方呢？

在激烈的商场竞争中，尔虞我诈、弱肉强食的事件在不断上演。

年轻有为的亨利在大学毕业之后，应聘到了波特的公司做销售。亨利工作能力很强，也非常努力，销售业绩节节攀升，受到了老板波特的赏识。在公司工作三年后，亨利已经成长为公司的中层管理人员，不仅掌握着公司的运营情况，而且对产品的销售渠道也了如指掌。正当公司上上下下对其十分看好之际，亨利却突然不辞而别，跳槽到竞争对手的公司工作。很快大家意识到，亨利很可能会将原公司的机密，尤其是产品的销售信息泄露出去。不久之后的事实也证明，亨利的确挖走了很多大客户。他的这个举动对波特的产品销售造成了很大的打击。公司的员工对亨利颇为怨恨，建议波特也采取一些手段打击一下他的嚣张气焰。波特并没有采纳他人的建议，而是非常冷静地告诉员工不要把精力都用在如何报复对方上，而是要静下心来反思自己的产品为何在市场上不受欢迎，要想方设法提高产品的质量来重新占领市场。

波特经过几年的经营，不断提升产品的质量，对产品进行更新换代，逐渐夺回了被对方公司抢占的订单，在业内的销售业绩排名也逐渐上升。而此时亨利所在公司的生意却每况愈下，在关系到该公司生死存亡的一个项目上，亨利需要寻求帮助，否则他不仅会失业，公司也要面临倒闭的绝境。看到昔日曾经伤害过自己的对手面临今日的惨境，波特并没有幸灾乐祸，而是慷慨相助，帮助对方挽回了局面。公司员工感到大为不解，不明白波特如此做的原因是什么。波特解释道，正是由于对方的竞争，自己才被迫奋起直追，公司才会有今日的成就。如果对方公司宣布破产，对自己来说也没有好处。没有了强有力的竞争对手，公司就会停滞不前，早晚也会被其他公司所吞并。

美国总统林肯就对那些曾经极力反对他的人十分尊重，并用真诚、友善的态度与他们交朋友。有人非常不解，劝告林肯不仅不要和对方走得太近，还要设法去消灭这些敌人。林肯则认为，将敌人变成朋友正是消灭敌人的方式，令手下的人佩服得五体投地。

试想，如果我们始终不能放弃过去发生的事情，只会激化双方之间的矛盾，不断升级双方之间的战争，于人于己都没有好处。宽待敌人是一件很困难的事情，因为自己曾经饱受对方的伤害，留下的阴影一时难以抹杀。但是，换个角度思考，也许你会发现，曾经恨之入骨的敌人，带给自己的也并非只有伤害。正是由于敌人的虎视眈眈，才让你时刻不能放松警惕，不断提升自己，迎接他人的挑战。在一定程度上，自己的水平、能力不仅取决于自己，还取决于对手的状况。保持强有力的竞争关系，才能克服懈怠的弱点，不断进步。

其实，宽待敌人并不会让自己损失很多，最重要的是超越自己。化解曾经剑拔弩张的矛盾、冲突，将暴风骤雨化作春风细雨。如果能够有宽广的胸怀宽容他人，哪怕这个人曾经使自己伤痕累累，那么我们就超越了人性的弱点，化解了双方之间的敌意，将怨恨、愤怒转化为融洽、和谐。

宽厚待人，不过分苛求

　　清朝乾隆年间，郑板桥正在外地做官。忽然有一天，他收到在老家务农的弟弟郑墨的一封来信。兄弟俩经常通信，然而这一次却非同寻常。原来是弟弟想让哥哥出面，到当地县令那里替他说情。这一下子弄得郑板桥很不自在。这郑墨粗识文墨，原也不是个好惹是生非之徒，只是这次明显受人欺侮，心里的怨恨实在咽不下去。原来，郑家与邻居的房屋共用一堵墙。郑家想翻修老屋，邻居出来干预，说那堵墙是他们祖上传下来的，不是郑家的，郑家无权拆掉。其实，这契约上写得明明白白，那堵墙是郑家的，邻居只是借光盖了房子。这官司打到县里，尚无结果，双方都难

免求人说情。郑墨自然想到了做官的哥哥，想来有契
约在，再加上哥哥出面说情，这官司就必赢无疑了。
郑板桥考虑再三，给弟弟写了一封劝他息事宁人的信，
同时寄去了一个条幅，上写"吃亏是福"四个大字。
此外又给弟弟另附了一首打油诗：

千里告状只为墙，
让他一墙又何妨；
万里长城今犹在，
不见当年秦始皇。

郑墨收到信，羞愧难当，当即撤了诉状，向邻居
表示不再相争。那邻居也被郑氏兄弟的一片至诚所感
动，表示也不愿继续闹下去。于是两家重归于好，仍
然共用一墙。这在当地传为佳话。

《易经》有言："地势坤，君子以厚德载物。"说明一个人
在做人做事方面应该顺应自然，胸怀博大，宽以待人。一个
人的能力是有限的，但心胸开阔、宽容待人就能得到别人的
尊重和爱戴，别人也就会努力工作，尽心为你效劳。而且，
有德之人更能明白别人所追求的利益，并能尽力给予最大的
满足。人之生于世，一为名，二为利，三为尊重。纵观历史，
有大成就的人必然有德行而能令他人为其舍命效劳。

在生活中，人们对处处抢先占小便宜的人一般没有什么
好感，反而对其处处设防，这样，不就吃了大亏吗？从另一
方面来说，爱占小便宜的人，心态经常会处于不平衡的状态，

因为便宜不会有占尽的时候，一旦在某件事情上占不到便宜他们就会觉得自己总在吃亏，心中就会积存不满和愤怒，这对自己也会是很大的伤害。再有，过多计较小利的人绝不会有什么出息，因为这些人的眼光都集中到占有眼前的每一点微小利益上，它势必影响人向远处看、向高处看，从而去获取更大的成功和利益。

　　很多时候，吃点小亏对自己的利益其实不会造成什么损失。人心是一杆秤，如果能使自己做到不斤斤计较，对别人不过分苛求，待人宽厚，那么周围的人就会信赖你、尊重你，你就会有一个宽松和谐的生活氛围，时时有快乐的感觉。

最大的敌人并非他人，而是自己

在生活中，人们往往会因为一些琐事与他人结下矛盾，甚至仇恨。俗话说："冤家宜解不宜结。"当遇到一些能够改善这种敌对关系的机会时，我们却又面临两难的境地：是化解矛盾，还是继续加深矛盾呢？我们有时很难说服自己克服人性的弱点，因为化解矛盾就意味着要以宽广的胸襟，将过去的恩怨置于脑后，化干戈为玉帛。而这两种选择方式会带来两种截然不同的结果：化解矛盾换来的是双赢，继续加深矛盾的结果则是两败俱伤，双方无一能从中获益。

张、王两家都是经营饭店的，他们的饭店紧挨着。两家竞争的激烈程度可想而知。为了争夺客源，两家

都使出了浑身解数招徕顾客、明争暗斗。张家刚刚把
饭店装修完，王家也立即开始准备装修。王家新增加
了烤鸭的菜品，张家不甘示弱，也马上请师傅开始烤
鸭子。张家贴出了夏季喝啤酒免费的告示，王家也打
出横幅宣传菜品一律九折优惠。看到采用公开的手段
很难击垮对方，张家就在私下四处散播王家炒菜用地
沟油的谣言。这个消息传出去后，王家饭店的客人立
即减少了很多，大家都跑到张家来用餐。王家得知事
情的真相后，恨得咬牙切齿，明明自己用的是新榨出
来的植物油，怎么会是地沟油呢？遂想出了更狠的一
招来还击张家。他找人做了传单，内容是张家做菜用
的肉都是以低价买来的过期肉，并把传单四处分发。
这一招也很奏效，张家饭店也一下子从顾客爆满到门
庭冷落。这次，相应的，王家饭店的客源也是零零散
散的，生意勉强能够维持。周边饭馆的生意都很好，
唯独他两家的生意冷冷清清。这时，有人告诉他们
两家，其实大伙心里很清楚，你们各自使出的招数都
是为了搞垮对方。但是，这样打压别人抬高自己的做
法，只会让旁观者认识到这两家人都是心胸狭隘、自
私自利的人，吃饭的客人谁也不想与这样的人打交道。
一语点醒梦中人，张、王两家恍然大悟，如此费尽心
机地争来夺去，结果只能是两败俱伤。

在激烈的市场竞争中，竞争的双方通常会处于剑拔弩张

的状态。为了占领市场先机，想方设法诋毁对方，让竞争对手陷入不利的境地，这样做的结果可想而知，即使赚取利润，也是一时的，长期如此只会导致两败俱伤。明智的办法就是化解矛盾，停止恶性竞争。

以德报怨，学会用和平的方式去处理生活中的冲突与矛盾。相逢一笑泯恩仇，化解矛盾其实是非常容易做到的，只是很多时候，我们很难迈过自己这道坎，难以解开自己心中的结，也就不可能得到和气、融洽的人际关系。学会用真诚待人，化解矛盾与冲突，记恨千年不如和气一世。

送一轮明月给别人

不论是想成就一番不平凡的事业，还是想度过平凡的一生，学会包容都是人生的一堂必修课。因为，当你以包容之心对待别人的时候，就像把一轮皎洁的明月送给了别人，同时，明亮的月光也会照耀到你的心里，照亮你前进的道路。

从小家境贫寒的洪峰渴望读书，无奈脸朝黄土背朝天的父母没有能力赚钱供他读书，每到洪峰开学的时候只能东借西凑。他清晰地记得父亲到邻居家借钱的情景。邻居家是做生意的，是村里最富裕的。当老实巴交的父亲张开嘴借钱的时候，被邻居挖苦了一番："没有钱就不要想着让孩子读书了，就你们家也能飞出个金凤凰不成？"说完就把父亲推出了门外，然后重重地关上了大门。洪峰气得攥紧了拳头，发誓将来一定要出人头地，让邻居瞧瞧！洪峰读完初中后，家中再也没有能力凑钱供他读书了，于是他就开始学着做生意。凭借着聪明才智和吃苦耐劳的精神，洪峰从批发冰棍做起，生意越做越大，直到拥有一家建材批发公司。洪峰家里的经济条件也越来越好，在邻近的几个村子里，洪峰家都是最富裕的。他经常为自己没有读高中、上大学而感到遗憾，因此非常乐意资助村里的孩子读书。他为村里建小学捐资二十万，此外，村里凡是考上大学的，他都送去两万元表示鼓励。村里人对洪峰的善举都给予了很高的评价，唯有昔日的邻居很不服气，却不料自家的生意每况愈下，越来越难做。明知如此，邻居为了赌一把，还是把所有的家当都抵押进去投资建材生意，结果，赔进去了所有的钱。邻居眼看着就要倾家荡产，就连自己的院子都被抵押出去了。邻居在走投无路的时候，走进了洪峰的院子求助。原以为等待他的是冷嘲热讽，没想到尚未开口，洪峰就把已经准备好的十万元钱放到他的面前，说："什么也别说了，先把这个钱拿去还债，再考虑如何东山再起！"简单的一句话，使邻居无法用语言表达内心的愧疚和感激。

宽容是一种高尚的人生境界，宽容是一种气度，是一种胸襟，是一种修养。宽容是一种极高的精神境界，要不断磨炼自己的心智才能达到。人生达到如此高的境界，源自不断克服人性的弱点，超越自我的艰难历程。综观历史，成大业者，小心眼的屈指可数，大度之人却比比皆是。因此，不管我们选择何种人生目标，是要成就伟业还是平凡地度过一生，学会包容都能让我们的人生更加快乐。宽容别人的过失，就意味着给别人醒悟的时间和悔过的机会，以及一条寻求救赎的出路。其实，宽容不仅仅是给他人，也是给自己留下了一条洒满阳光的道路。因为如果能够以宽容之心原谅伤害自己的人，就能够深刻地领悟生活、领悟人生，达到超凡脱俗的人生境界。

把怨恨写在沙滩上

　　人非圣贤，孰能无过。有时别人或由于粗心大意，或因为经验不足犯下了错误，我们却要无辜地为别人的错误而承受负面影响。这时，我们的内心也许会充满怨恨。不过，如果换种思维方式来看待此类事件，也许你会放下怨恨，得到内心的平静。

　　包布·胡佛是一位著名的试飞员，并且常常在航空展览中做飞行表演。一天，他驾驶飞机在圣地亚哥航空展览中表演完毕后飞回洛杉矶。途中飞机突然不能正常飞行，在空中三百米的高度，飞机的两个引擎突然熄火。当时的情况非常紧急，随时可能机毁人亡。

凭借丰富的经验和熟练的技术，胡佛操纵着飞机成功着陆，化险为夷。所幸没有人受伤，但是飞机受到了严重损坏。

在迫降之后，胡佛首先去检查飞机的燃料。正如他所预料的，他所驾驶的第二次世界大战时期的螺旋桨飞机，居然装的是喷气式飞机的燃料而不是汽油。掌握这个情况后，胡佛就已经明白了，肯定是机械师的失误导致了这次事故。回到机场以后，他要求见见为他保养飞机的机械师。那名年轻的机械师对自己所犯的错误极为自责。当胡佛走向他的时候，他泪流满面，内心充满了愧疚。他造成了一架非常昂贵的飞机的损坏，还差一点使三个人失去生命。年轻的机械师在等待着一场暴风骤雨的到来。

你可能认为胡佛必然大为震怒，并且预料这位极有荣誉心、事事要求精确的飞行员必然会痛斥机械师一顿。但是，胡佛并没有责骂那名机械师，甚至没有表现出愤怒。相反，他搂住那名机械师的肩膀，对他说："为了表示我相信你不会再犯错误，我要你明天再为我保养飞机。"

胡佛的举动颇令人意外。对于年轻的机械师而言，在他犯了错误之后，胡佛不仅能够原谅他的错误，而且还非常信任地继续任用他，这是对他的极大鼓舞和鞭策。不难想象，年轻的机械师有了这次教训之后，必定会更加谨慎认真。

　　有一句格言说："不要一味苛求、抱怨他人，他已经把自己的日子弄得够难过的了。"这是告诉我们要用博大的心胸对待有过失的人。生活中，人人都会犯错误，倘若别人犯了错误之后不给他改过自新的机会，就会激化矛盾，造成不良的后果。如果我们能不计较他人的过失，设身处地为他人着想，或许在宽容他人之后，还能感化一颗顽劣的心。没有多少人会得寸进尺，犯错的人在得到对方的原谅后，多半会真心悔悟。

　　当然，不是人人都能够做到以宽广的心胸谅解他人。能做到这些的人也不是天生有这种能力，要有生活阅历的积淀和豁达的精神境界才能获得。即使别人的失误为自己带来了很大的损失，也不要让内心充满仇恨和愤怒。内心的仇恨会使我们变得面相凶狠、行为乖张，甚至人格扭曲。

　　一旦他人犯了错误，即使对我们产生了负面的影响，也要学会宽容，给他人弥补过失的机会。同时，也让自己摆脱精神的枷锁，轻松地面对生活。

　　把怨恨写在沙滩上，而不要留在我们的心里，让所有的不满、牢骚、怨言都随着波浪的一次次冲刷而流走，不留一丝痕迹。宽容的人容易获得快乐的情绪，涤荡掉烦恼，留下开心与愉悦。在原谅他人的过错后，我们的内心会少一份沉重的负担，多一份惬意和愉悦。

若容不下生活，生活也容不下你

作家之所以能够创作出优秀的作品，往往来自其丰富的人生阅历，以及对生活的深刻感悟。畅销书作家东尼·席勒曼获得过美国推理作家协会大师奖。他的作品深受读者欢迎的原因与他个人的成长经历密不可分。

东尼·席勒曼14岁时，英格拉姆先生敲响了他家农舍的门。这个老佃农住在马路那头大约一英里的地方，想找人帮忙收割一块苜蓿地。托尼欣然应允，于是这就是他得到的第一份有报酬的工作，时薪为12美分，要知道这在1939年已经很不错了，当时还处于经济大萧条时期。

一天，英格拉姆先生发现一辆装有西瓜的卡车陷在自家的瓜地中。原本整齐的瓜地此刻一片狼藉，瓜秧被毁坏，西瓜都被摘掉了。显然，有人想用卡车偷走这些西瓜，却没有料到卡车陷进瓜田开不出来。这时，英格拉姆先生环顾四周不见一个人影。看到这种情景，英格拉姆先生并没有勃然大怒，反而非常平静，只是说车主很快就会回来的，让托尼在那儿看着，长点见识。此时，托尼也在思索，英格拉姆先生到底会用什么方式来对待这几个前来偷瓜的人呢？果然没过多久，正如英格拉姆先生所料，一个在当地因打架和偷窃而臭名昭著的家伙带着两个体格粗壮的儿子出现了，他们看起来非常恼怒。

英格拉姆先生见到这几个来势汹汹的人，没有质问他们，却用平静的口吻说道："哎，我想你们要买些西瓜吧？"

那个男人显然没有料到，他们处心积虑偷窃，而主人却用这种方式来应对。他沉默了很久，说："嗯，我想是的。你卖多少钱一个？"

"25美分一个。"

"好吧，你帮我把车弄出来吧，我看这价格还合适。"

于是，英格拉姆先生以宽容的心态、巧妙的处世艺术，化干戈为玉帛。双方本来剑拔弩张，英格拉姆先生居然用寥寥几句话促使双方达成了一致，顺利完成了一笔交易。这笔交易成了他们夏天里最大的一笔买卖，而且还避免了一场危险的暴力事件。等他们走后，英格拉姆先生笑着对托尼说："孩子，如果不宽恕敌人，就会失去朋友。"这句话使托尼回味良久，透过这句话他明白了英格拉姆先生的处世哲学。

这件事给托尼留下了非常深刻的印象，让他明白了要学会包容。试想，如果当初英格拉姆先生针锋相对地揭穿对方偷窃的真相，这个偷窃事件肯定会演变成暴力事件，双方都会受到伤害。并且，这次前来偷窃的父子今后可能还会变本加厉地继续从事违法犯罪活动。几年以后，英格拉姆先生去世了，但托尼永远忘不了他，也忘不了第一次打工时他教给自己的东西。

生活中，我们经常会遇到让自己利益受损的事情。比如，自己辛苦种下的花草被来往的路人随意践踏，好不容易洗干净晾晒的衣服被别人弄上了脏污等。一旦遭遇此类的事情，要学会宽容别人，得饶人处且饶人。若容不下别人，生活也会容不下自己。待人宽厚是一种美德。要明白，原谅伤害过自己的人并不等于窝囊，并非一味地纵容对方，而是保护对方的自尊心，是一种有意为之的高尚。懂得这些，也就没有什么可生气的了。

宽以待人是一门艺术，需要我们在生活中经受磨炼而逐渐领悟。一个成功的人不仅自己的胸怀宽广，更会顾及别人的自尊。要懂得给别人的自尊心保留空间，一个人如果损失了金钱，还可以再赚回来；一旦自尊心受到伤害，就不是那么容易弥补的，甚至会产生敌对心理。掌握了宽以待人这门艺术，你也许会得到意想不到的收获。"得饶人处且饶人"就是要顾及他人的自尊，避免因伤害别人的自尊而为自己树敌。

要以宽容的心态对待生活。反之，你若容不下生活，生活也容不下你。

与人争吵，永远不会真赢

　　与别人的看法和意见不一致，就去跟别人争辩，这样的做法是错误的。因为在你争辩的过程当中，势必会想办法证明自己是对的，别人是错的。

　　通常情况下，没有人愿意听到别人对于自己的批评和指责，即使我们说的是对的，别人也未必能够听进去。再者，争论的过程中，每一方都以对方为"敌"，试图将自己的观念强加给别人，而根本不把对方的意见放在眼里，最终一定会伤害彼此之间的感情，引发很多不必要的误解。

　　美国耶鲁大学的两位教授曾经做过一项实验。他们耗费了7年的时间，调查了种种争论的案例。例如，店员之间的争执、夫妇间的吵架、售货员与顾客间的斗嘴等，甚至还调查了联合国的讨论会。结果，他们得出了凡是去攻击对方的人，绝对无法在争论中获胜的结论。

当别人在和我们谈话时，他们根本没有准备听我们说教，若你自作聪明，拿出更高超的见解，对方绝不会乐意接受。所以，我们最好不要随便摆出教导别人的姿态。当同事向我们提出一个意见时，若不赞同，至少也要表示可以考虑，而不是马上反驳。要是朋友和我们谈天，更要注意，太多的执拗会把一切有趣的话题变得乏味。如果别人真的错了，又不肯接受批评或劝告，别急于求成，往后退一步，把时间延长些，隔一天或两个星期再谈。否则大家都固执己见，不仅谈话没有进展，而且会伤害彼此的感情，造成隔阂。

许多人因为表达不同意见而得罪了同事，所以有人认为不要轻易表达不同意见，这种看法是很片面的。只要我们的观点是正确的，向别人表达自己的不同意见，不但不会得罪人，而且还会大受欢迎，使人有"听君一席话，胜读十年书"之感。

那么怎样才能有效避免争论呢？我们可以从以下几个方面做起：

一是欢迎不同的意见。人的智力是有限的，有些方面不可能完全考虑到，而别人的意见是从另外一个角度提出的，总有些可取之处，或者比自己的意见更好。这时我们就应该冷静地思考，对于不同的意见，或两者互补，或择其善者。如果采用的是别人的意见，就应该衷心感谢对方，因为有可能是对方的意见使我们避开了一个严重的错误，甚至奠定了我们成功的基础。

二是不要相信直觉。每个人都不愿意听到与自己观点不同的声音。当别人提出与自己不同的意见时，我们的第一反应常常是反驳，为自己的意见进行辩护并竭力地去找证据，这完全没有必要。我们应该平心静气、公平谨慎地对待两种观点（包括你自己的），并时刻提防你的直觉对你做出正确抉择造成干扰。值得一提的是，有的人脾气不好，听不得反对意见，如果听见就会暴躁起来。这种情况下就应控制自己的脾气，给别人陈述观点的机会，不然，就未免气量太小了。

三是耐心把话听完。每次对方提出一个不同的观点，不能只听一点就打断别人，要让别人有说话的机会。这样做，一是尊重对方，二是让自己更多地了解对方的观点，以判断此观点是否可取。要努力搭建沟通的桥梁，使双方完全明白对方的意思，不要弄巧成拙。否则，只会增加彼此沟通的障碍和困难，加深双方的误解。

四是仔细考虑反对者的意见。在听完对方的话后，我们首先要思考，对方和自己的想法是否有相同之处。如果对方提出的观点是正确的，就应放弃自己的观点，而考虑采取对方的意见。一味地固执己见，只会使自己处于尴尬的境地。

　　五是真诚地对待他人。如果对方的观点是正确的，就应该积极地采纳，并主动承认自己观点的不足和错误的地方。这样做，有助于解除反对者的"武装"，减轻对方的敌对心理，同时也缓和了气氛。

及时原谅别人的错误

世界上如果没有宽容和信任，一切亲情、友情、爱情都
将失去存在的基础，每个角落都是尔虞我诈的欺骗，社会将
毫无温情可言。

只因偶尔的过错就完全否定自己的朋友，以至于不再信
任对方，这不仅是对朋友的背叛，也是对自己的背叛。我们
应该最清楚：这个朋友是你自己选择的。

过错是不一样的，有的过错不可原谅，有的过错可以原
谅。对待偶尔犯下过错的朋友，只要他承担了自己应负的责
仕，作为朋友理当予以谅解。

在一个小镇上有一个臭名昭著的地痞，整日游手

好闲，酗酒闹事，人们见到他唯恐躲避不及。一天，他醉酒后失手打伤了上门讨债的债主，被判刑入狱。

入狱后的地痞幡然悔悟，对以往的言行感到深深的懊悔。一次，他协助监狱管理人员成功地制止了犯人们的集体越狱，获得了减刑的机会。

地痞从监狱中出来后，回到小镇上立志重新做人。他先是想找个地方打工赚钱，结果全被拒绝。食不果腹的他来到亲朋好友家借钱，得到的都是不信任的目光，他那颗刚充满希望的心，又开始滑向失望的边缘。这时，他少年时代的朋友听说了他的遭遇，就取出了100美元送给他。他接钱时没有表现出过分的激动，平静地看了一眼昔日的朋友，然后消失在镇口的小路上。

数年后，他从外地归来。他靠100美元起家，辛勤打拼，终于成了一个腰缠万贯的富翁，不仅还清了所有的欠款，还领回来一个漂亮的妻子。他来到昔日朋友的家，恭恭敬敬地奉上了200美元，然后流着泪说道："谢谢你！你是我真正的朋友，是你的宽容之心和真诚的信任给了我重新面对生活的勇气。"

从这个故事中我们可以发现，宽容他人、信任他人，即是对人性的肯定。对人的帮助在于心理上的接纳和支持，其意义超过了金钱上的支援。

要做到胸襟开阔，一般需要认识到"人无完人"，做到

"得理让人"和"宽容别人"。

　　小赵大学毕业后初入社会，在一家公司外贸部就职。他的顶头上司每天下班后总是跟着外方代表拼命"加班"，无事瞎忙，把白天理好的文件弄得一团糟，出了错，又把责任推给小赵。小赵不是一个会"争"的人，只好忍气吞声地等科长长出"火眼金睛"，看出此中曲直来，结果等了几个月，还是等不来一句公道话。

　　一气之下，小赵辞职去了另一家公司，在那里，他出色的工作博得了许多同事的称赞，但无论怎样也没法使苛刻、暴躁的经理满意。心灰意冷之下，他又萌生了跳槽之念，于是向总经理递交了辞呈。总经理没有竭力挽留小赵，只是告诉他自己处世多年得出的经验：如果你讨厌一个人，你就要试着去爱他。总经理说，他当时极力在老板身上寻找优点，结果，他发现了老板的两大优点，而老板也逐渐喜欢上了他。

　　小赵依旧讨厌他的经理，但已经悄悄收回了辞呈。他发现，作为一个成熟的人，应该放开心胸去包容一切。

就算我们没办法爱我们的敌人，起码也应该多爱惜自己，不要让敌人左右我们的心情、影响我们的健康。

　　耶稣说："不止宽恕七次，而是七十七次。"这实际上是在教我们做人的道理。当然，人非圣贤，爱我们的敌人也许真的有点强人所难，但出于自身的健康与幸福，学会宽恕敌人，放下所有的仇恨，也不失为一种明智之举。有句名言说："无论被虐待也好，被抢掠也好，只要忘掉就行了。"